Konstantinos Pantapasis
Alexandru Mihai Grumezescu

Aplicações biomédicas de nanopartículas de ouro

Konstantinos Pantapasis
Alexandru Mihai Grumezescu

Aplicações biomédicas de nanopartículas de ouro

ScienciaScripts

This book is a translation from the original published under ISBN 978-3-659-82295-7.

Publisher:
Sciencia Scripts
is a trademark of
Dodo Books Indian Ocean Ltd. and OmniScriptum S.R.L publishing group

120 High Road, East Finchley, London, N2 9ED, United Kingdom
Str. Armeneasca 28/1, office 1, Chisinau MD-2012, Republic of Moldova, Europe
Printed at: see last page
ISBN: 978-620-8-08662-6

Índice

Abreviaturas

AA - ascorbic acid

AAS - atomic absorption spectroscopy

AET - 2-aminoethanethiol hydrochloride

AFM - atomic force microscopy

Ag – silver

AgNP - silver nanoparticle

$AgNO_3$ - silver nitrate

APTES - (3-aminopropyl)triethoxysil

Au - gold

$AuCl_3$ - gold chloride

$AuCl_4^-$ – tetrachloroaurate

Au NCs – aur nanocages

BBB - Blood-Brain Bareer

BDAC - benzyldimethylhexadecylammonium chloride

BLI - bioluminescence imaging

BM – biomolecule

BMPA - 2-Bromo2-methyl propionic acid

BSA - bovine serum albumin

BSP - blood serum proteins

CFU - colony forming units

CG - colloidal gold

CIK - cytokine-induced killer

CNS - central nervous system

COPD - chronic obstructive pulmonary disease

CT - computed tomography (X-ray Computed Tomography)

CTAB - hexadecyltrimethylammonium bromide

Cys – cysteine

DA - dopamine

DDA - Discrete Dipole Approximation

DDS – drug delivery system

DLS - dynamic light scattering

DNA - Deoxyribonucleic acid

DPV - differencial pulse voltammetry

DTPA - *diethylenetriaminepentacetate*

EDC - 1-ethyl-3-(3-dimethylaminopropyl)

EDTA - Ethylenediaminetetraacetic acid

EDX - energy dispersive X-ray spectroscopy

EGFR - epidermal growth factor receptor

ELISA - enzyme-linked immunosorbent assay

EPA - Environmental Protection Agency

EPR - enhanced permeation and retention

ES-DMA - electrospray-differential mobility analysis

EXAFS - Extended X-Ray Absorption Fine Structure

FAD - flavin adenine dinucleotide

FDA – Food and Drug Administration

$Fe(NO_3)_3$ - Iron(III) nitrate (or ferric nitrate)

FLI - Fluorescence imaging

FLIM - fluorescence lifetime imaging

G - Gold

GA - gastrointestinal

GBM - glioblastoma multiforme

Gd - gadolinium

GFAAS - graphite furnace atomic absorption spectrophotometry

GNPs - Gold nanoparticles or AuNPs(in reference's citations)

GNRs -Gold nanorods

GNSs - Gold nanoshells

HaCaT- immortal human keratinocytes cell line

$HAuCl_4$ - chloroauric acid

$HAuCl_4 \cdot 3H_2O$ - Hydrogen tetrachloroaurate(III) trihydrate

HEK-293 - human embryonic kidney

HeLa - human cervical cancer

HER - Herceptin

HIST – histological

HIV - Human Immunodeficiency Virus

HPLC, high-performance liquid chromatography

HSC - Hematopoietic stem cell

^{125}I - Iodine-125

I-2959 - Irgacure (photoinitiator for the UV curing)

ICP-MS - inductively coupled plasma-mass spectrometry

INAA - instrumental neutron activation analysis

i.p. (IP) - intra peritoneal

IT – intratracheal

ITO - indium tin oxide

IV – intravenous

K_2CO_3 - Potassium carbonate

K3Fe(CN)6 - Potassium ferricyanide

LC - Lippia citriodora

LSPR - localized surface plasmon resonance

Lys - Lysine

Mag-GNS - magnetic gold nanoshells

MBT-2 - murine bladder tumor cells

MCF-7 – human breast cancer cell line

MCML- Monte Carlo Modeling

MDCK - Madin-Darby canine kidney (MDCK)epithelial cell line

MPM - multiphoton microscopy

MPT - multiphoton tomography

MRI - magnetic resonance imaging

MSCs - mesenchymal stem cells

MTT - tetrazolium dye-based microtitration assay

MWNTs - multi-walled carbon nanotubes

NaAuCl$_4$ - sodium tetrachloaurate

NaBH$_4$ - sodium borohydride

(Na$_3$C$_6$H$_5$O$_7$)- trisodium citrate

NAD - Nicotinamide adenine dinucleotide

NADH - Nicotinamide adenine dinucleotide hydride (reduced form)

NADP - Nicotinamide adenine dinucleotide phosphate

NADPH - Nicotinamide adenine dinucleotide phosphate (reduced form)

NHS, N-hydroxisuccinimide

NIR - Near-infra red

NMR - nuclear magnetic resonance;

NNI - National Nanotechnology Initiative

NP - nanoparticle

OCT - Optical coherence tomography

OCT - octreotide acetate

OI - optical imaging

PA - photoacustic

PAH - poly(allylamine) hydrochloride

PAM – Photoacustic Microscopy

PAMAM - poly(amidoamine)

PAT - Photo Acoustic Tomography

PBS - Phosphate buffered saline

PC – phosphatidylcholine

PC-3 - human prostate cancer cell lines

PDMA - poly(2-(dimethylamino)ethyl methacrylate

PeG - Pelargornium graveolens

PEG - Polyethylene glycol

PEI - Polyethylene imine

PEO - Poly(ethylene oxide)

PET - Positron emission tomography

pI - isoelectric point

PLGA - Poly(lactic-co-glycolic acid)

PMPC - poly(2-(methacryloyloxy)ethyl phosphorylcholine

pNIPPAm - poly(N-isopropylacrylamide

PoC - point of care

PS- Polystyrene

PSS - polymer- (polystryrenesulfonate)

PTCAs - photothermal conversion agents

PTT - photothermal therapy

PuG - Punica granatum

PVP - poly(vinyl pyrrolidone)

QCM - quartz crystal microbalance e

RA - radioactive analysis

RBC - red blood cell

RE - respiratory

RES - reticuloendothelial system

RGD - arginine-glycine-aspartic acid

RNA - Ribonucleic acid

RT - radiation therapy

SA – streptavidin

SAXS - small-angle X-ray scattering

SBR - sulfate-reducing bacteria

SEM - scanning electron microscopy

Sep.- September

SERS - surface-enhanced Raman scattering

$(-SH_3)$ - silanyl groups

SiHa - human cervical cancer

SiO_2 - Silicon dioxide (silica)

SKNSH - human neuroblastoma

SO - Salvia officinalis

sp. - species (biology)

SPASER - surface plasmon amplification by stimulated emission of
radiation

SPB - surface plasmon band

SPECT - Single Photon Emission Computed Tomography

SPR - surface plasmon resonance

sSAb - anti-Salmonella polyclonal second antibody

T24 - human bladder carcinoma cells

TB - tuberculosis

TBA - thiobarbituric acid

TEM - transmission electron microscopy

Tf – transferring

THF - tetrahydrofuran

THPAL - tris hydroxyl phosphine alanine

TNF - tumor necrosis factor

TPL - Two-photon-enhanced luminescence

Trp – Tryptophan

U251 - human glioblastroma cell line

UA - uric acid

US – ultrasound

(UV-VIS) - ultraviolet-visible

WBC - white blood cell

WST-1 - stable tetrazolium saltassay (cell proliferation assay)

XANES - X-ray absorption near edge structure

XAS - X-ray absorption spectroscopy

1. Introdução

A nanotecnologia, também conhecida como nanotech , é um domínio de investigação interdisciplinar que envolve a engenharia, a química, a biologia e a medicina e que, nas últimas décadas, registou um desenvolvimento rápido e alargado. Hoje em dia, a nanociência já não se limita à síntese, caraterização e simples dedução de novos nanomateriais, mas encontrou o seu caminho para aplicações de ponta em muitos sectores industriais, como as comunicações, a eletrónica, a energia, a tecnologia espacial, os materiais avançados e a biomedicina [1,2].

A "Iniciativa Nacional de Nanotecnologia" (NNI) define as nanopartículas como partículas com dimensões entre 1-100 nm mas, no que respeita ao tamanho, esta gama estende-se até 1000 nm [2]. Além disso, devido ao seu tamanho, estas partículas nanométricas exibem propriedades estruturais, electrónicas e ópticas únicas que diferem das das partículas a granel ou das moléculas individuais [3, 4].

Devido ao seu tamanho minúsculo, cerca de cem a dez mil vezes mais pequeno do que as células humanas, as nanopartículas estão implicadas em interações inesperadas com biomoléculas, tanto no interior das células como na sua superfície, o que pode alterar radicalmente o diagnóstico do cancro e o seu tratamento [1].

As aplicações biomédicas das nanopartículas, especialmente na imagiologia molecular, na administração de medicamentos e na terapia do cancro, conduziram ao termo "nanomedicina" com muitas aplicações na investigação pré-clínica e clínica [2]. Muitas nanoestruturas já utilizadas em métodos de imagiologia eletrónica ou em sistemas de administração de medicamentos revelam múltiplas vantagens, superiores aos métodos ou sistemas convencionais anteriores. Assim, o desenvolvimento e o aperfeiçoamento dos nanomateriais sustentarão e estimularão novas estratégias de segurança de diagnósticos individualizados em diferentes estados, bem como novas metodologias de tratamento em seres humanos.

As nanopartículas de ouro (GNPs ou AuNPs) são um subtipo importante na família dos nanomateriais e têm sido estudadas ao longo dos anos [2]. As GNPs têm diferentes formas e morfologias [1, 5] e apresentam uma excelente estabilidade [6-

8], biocompatibilidade universal e a capacidade de se incorporarem seletivamente em moléculas de reconhecimento, tais como péptidos ou proteínas. Apresentam também propriedades ópticas, electrónicas e fotocatalíticas únicas. A sua biocompatibilidade e propriedades ópticas contribuíram para o interesse crescente na utilização de GNP como marcadores ópticos para células vivas, sensores colorimétricos, agentes de contraste para vários métodos de imagem ótica e veículos para a administração de medicamentos e genes. As propriedades das GNP atribuídas à sua superfície, conhecidas como propriedades de ressonância plasmónica de superfície (SPR), dependem das caraterísticas da forma e do tamanho da partícula [6-8].

Durante os procedimentos de síntese de nanomateriais metálicos, foram feitas muitas tentativas para controlar a forma e o tamanho das GNPs para obter propriedades funcionais desejáveis, utilizando vários métodos, tais como o método fotoquímico, o método eletroquímico, o processo de aquecimento rápido por micro-ondas e o modelo de cristais líquidos.

2. Síntese de nanopartículas de ouro

As nanopartículas de ouro podem ser produzidas por um grande número de métodos físico-químicos convencionais (clássicos) ou por métodos híbridos e técnicas biológicas [1, 9-11].

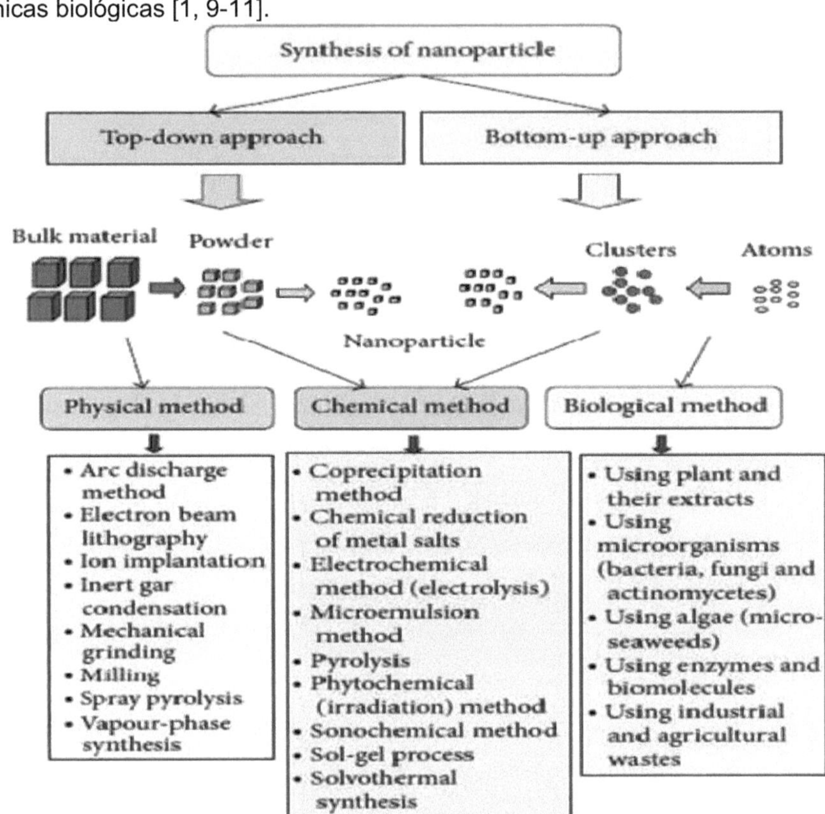

Figura 1. Diferentes abordagens e métodos de síntese de nanopartículas [10]. Reproduzido de uma fonte de acesso livre.

Devido ao progresso das técnicas de síntese, é possível obter nanopartículas de ouro com propriedades ópticas raras e distribuição de tamanhos controlada em diferentes formas e tamanhos, estabilizadas e funcionalizadas, prontas para serem utilizadas em várias aplicações médicas, tais como biossensores ou sistemas de administração de fármacos para diagnóstico e tratamento do cancro [1, 9, 10]. A Figura 1 apresenta um esquema geral dos diferentes métodos utilizados na síntese de nanopartículas, muitos dos quais podem também ser aplicados na preparação de nanopartículas de ouro.

2.1. Síntese de nanopartículas de ouro coloidais (esféricas)

As partículas de ouro coloidal, ou nanoesferas de ouro, podem ser preparadas por muitos métodos, tais como os métodos convencionais de coprecipitação, o método de redução química [1, 12, 13] ou eletroquímica baseado na redução da solução de sais de ouro por reagentes [6, 10, 12, 14-16], crescimento mediado por sementes [6, 15, 17, 18], por ablação por laser [19] em vesículas uni ou multilamelares ou nas bicamadas lipídicas de eto-somas [20], revestimento de pérolas de sílica ou de polímeros com conchas de ouro [1] e por métodos modernos ecológicos que incluem microrganismos [9, 10], várias partes de plantas e até vírus. Além disso, são descritos vários métodos utilizados para sintetizar nanoesferas de ouro.

2.1.1. Redução controlada química ou eletroquímica

O ouro coloidal pode ser sintetizado através de uma redução controlada do ouro a partir de $HAuCl_4$ (ácido cloroáurico) numa solução aquosa na presença de vários agentes redutores. Através deste método, podem ser obtidas nanoesferas de ouro com diâmetros que variam entre 2 nm e 100 nm ou mais. O tamanho e outras caraterísticas importantes das esferas podem ser diretamente controlados através da variação de todos os factores da reação [1, 12, 13].

Com base nos agentes redutores utilizados, existem dois protocolos de síntese básicos: A síntese de citrato e a síntese de borato, nas quais o ouro metálico no estado +3 é reduzido a ouro nanoparticulado no estado^{+1} [21].

Atualmente, o agente redutor mais utilizado é o citrato trissódico (Na C H_{3657}) O, que pode produzir nanoesferas de ouro quase monodispersas com diâmetros equivolumétricos médios controlados de 10 a 60 nm, como sugerido por Turkevich *et al.* (1951) [1, 21] e Frens (1973) [1, 5, 21]. Tal como referido por S. Vijayakumar *et al.* [22], no processo de síntese, o citrato desempenha um duplo papel, em primeiro lugar como agente redutor e, em segundo lugar, como estabilizador devido à camada iónica que cria sobre a superfície das nanoesferas. Este método fornece nanopartículas uniformes e bastante esféricas com uma banda de absorção de pico a 523 nm.

Este método é definido pelos mesmos parâmetros dos quais depende o tamanho das nanoesferas, tais como o tempo, a temperatura e o rácio entre o ouro e o citrato [1, 13, 22-25]. Por exemplo, com a diminuição da quantidade de citrato, as nanoesferas de ouro serão maiores, mas quando o agente redutor é adicionado mais rapidamente, as partículas ficam mais monodispersas e mais pequenas [1].

No entanto, o baixo rendimento e a impossibilidade de utilizar água como solvente são duas das principais limitações do método de redução controlada [1], mas a utilização de citrato como agente de capeamento é muito conveniente devido ao seu fácil tratamento pós-síntese, uma vez que pode ser facilmente substituído por outros agentes de capeamento, por exemplo, agentes de capeamento de tiol, com uma funcionalidade adequada para a ligação do analito biológico de interesse [13] (ver mais adiante neste projeto a funcionalização de GNPs).

Uma vez que as propriedades das partículas estão relacionadas com o seu tamanho, forma e grau de agregação [25], apenas as partículas com determinadas caraterísticas podem ser utilizadas para fins biológicos e terapêuticos. Assim, a atenção e os esforços dos investigadores estão direcionados para a obtenção de partículas com o tamanho e a forma desejados, mais estáveis e através de métodos com elevada reprodutibilidade [26]. Além disso, o tamanho das nanoesferas depende da própria natureza do agente redutor utilizado. Podem ser preparadas partículas mais pequenas utilizando outros agentes redutores que não o citrato, por exemplo, uma mistura de borohidreto e EDTA (5 nm) ou tiocianato de sódio ou potássio (1 a 2 nm) [5] ou borohidreto de sódio e ácido ascórbico [15]. Jing Zhou *et al.* em 2013 relataram a síntese de GNPs monodispersas pelo método de redução de borohidreto de sódio em diferentes proporções molares $Au/NaBH_4$ [6]. As soluções de $AuCl_3$ (0,10, 0,25, 0,50, 0,75 e 1,00 mM, 1 mL) e $NaBH_4$ recém-preparado (253,0 mM, 100 pL) ficaram estáticas por 1,5 min em banho de gelo e no escuro. Em seguida, a solução de $NaBH_4$ (253,0 mM, 10 pL) foi pipetada separadamente para a solução de $AuCl_3$ com diferentes concentrações rapidamente. Posteriormente, a solução resultante foi mantida estática durante 4 minutos num banho de gelo. Finalmente, obteve-se a solução de GNPs monodispersas amarelo-castanhas. Tapan K. Sau *et al.* utilizaram como agentes redutores uma sucessão de Triton TX-100 e ácido ascórbico e obtiveram nanopartículas de ouro esféricas com o tamanho desejado de 20 a 110 nm [26]. Umesh Kumar Parida *et al.* (2012) [21], relataram um novo protocolo que utiliza um agente redutor baseado em fosfino-aminoácido, tris hidroxil fosfina alanina (THPAL) para sintetizar GNPs [21]. O THPAL é um agente redutor não tóxico solúvel em água. Foi relatado que os modelos suínos podem suportar até 100 mg/kg de peso corporal de THPAL sem mostrar toxicidade, o critério mais importante na utilização de nanopartículas para aplicações biomédicas [21].

Nas últimas duas décadas, foram examinados muitos outros novos redutores ou ligandos para a síntese de nanoesferas de ouro monodispersas estáveis. Por exemplo, Yong-Gu Kim *et al.*, em 2004, utilizaram dendrímeros feitos de PAMAM, poli(amidoamina) como modelos [27]. O processo de síntese é muito curto, inferior a 30 min, decorre em água e sem posterior purificação dos produtos. Através deste método, foram obtidas nanoesferas encapsuladas em dendrímeros com 1,3±0,3 nm de diâmetro e 1,6±0,3 nm de distribuição de tamanho. Os dendrímeros podem atuar tanto como estabilizadores como modelos [27] e foram objeto de muitos estudos por parte de outros investigadores. Em 1998, Kunio Esumi *et al.* relataram a preparação de nanoesferas de ouro em que os dendrímeros foram utilizados como estabilizadores [28]. Abhijit Manna *et al.* em 2001 [29] e Xiangyang Shi *et al.* em 2006 obtiveram e descreveram nanoesferas de ouro estabilizadas com dendrímeros [30]. Outros investigadores trabalharam no sentido de sintetizar nanoesferas de ouro biocompatíveis estericamente estabilizadas por copolímeros em bloco. Yuan *et al.* em 2006 utilizaram copolímeros dibloco em solução aquosa para este fim [31]. Os copolímeros utilizados foram o bloco PDMA que foi adsorvido na superfície das nanoesferas e o bloco PMPC utilizado como estabilizador.

Além disso, foram publicados vários métodos para a preparação de GNP solúveis em água com bandas SPR no infravermelho próximo [13]. Este tipo de GNP é bastante promissor para aplicações biológicas, permitindo a utilização de GNPs em fluidos biológicos sem a interferência da absorção de outras moléculas biológicas [13].

2.1.2. Deposição electroforética (EPD)

Em 1993, Michael Giersig *et al.* anunciaram a utilização da deposição electroforética de citrato e ouro coloidal estabilizados com alcanotiol em grelhas de cobre revestidas de carbono. O espaçamento entre partículas, núcleo a núcleo, é dado pelas cadeias de alcano e as partículas de ouro coloidal criam monocamadas ordenadas. As nanoesferas produzidas são termicamente estáveis, com um tamanho controlado de cerca de 10 nm e dispersão reduzida [32]. Este processo de duas fases foi melhorado em 1994 por Brust *et al.* [33], que utilizaram uma fase de água-tolueno para a redução do sal de ouro, a fim de obter nanoesferas de ouro revestidas com tiol. Nesta reação, o tamanho médio do produto final é controlado pelo tempo de adição do redutor e pela relação entre o ouro e o tiol. Assim, quanto mais rápido for o tempo de adição do redutor e quanto maior for a razão entre a concentração de tiol e de ouro, mais dispersas e mais pequenas serão as nanoesferas de ouro.

2.1.3. Método fotoquímico

As nanopartículas de ouro semente (coloidais) podem ser sintetizadas com tamanhos pequenos controlados num método de duas fases que consiste na radiação UV de TX-100 e numa solução de ácido cloroáurico, tal como sugerido por Tapan K. Sau *et al.* em 2001 [26] e Dan V. Goia em 2004 [34]. As sementes são os precursores utilizados na segunda fase do método, quando, na presença de uma quantidade controlada de Au(III) e de ácido ascórbico, crescem e dão origem a nanoesferas de ouro homogéneas.

2.2. Síntese de nanobastões de ouro

Os métodos habitualmente utilizados para a preparação de nanobastões de ouro baseiam-se em métodos de redução fotoquímica ou eletroquímica na presença de um meio tensioativo aquoso, utilizando modelos como membranas de policarbonato nanoporoso, alumina porosa e nanotubos de carbono [1, 17, 18, 35, 36]. Também são utilizados métodos como o crescimento mediado por sementes [37] e a modelação de nanobastões de ouro em superfícies [38].

2.2.1. Método de síntese eletroquímica

O promotor do modelo eletroquímico de deposição de ouro no interior dos poros cilíndricos e de diâmetro uniforme de uma membrana de policarbonato nanoporoso foi Charles R. Martin. Em 1994, anunciou pela primeira vez a preparação de nanocilindros com dimensões controladas [39]. Pouco depois, em 1997, van der Zande *et al.* anunciaram a preparação, em dispersão aquosa, de nanopartículas de ouro em forma de bastão nos nanoporos de uma membrana de alumina anodizada por deposição eletroquímica [40].

Muitos outros investigadores, como Chang *et al.* em 1999, relataram a utilização deste método para a síntese de nanobastões de ouro. Na sua abordagem, especificou que o comprimento dos nanobastões depende de muitos parâmetros experimentais, afectando assim o seu rácio de aspeto, uma vez que este é dado pelo rácio entre o comprimento e a largura [1].

De um modo geral, neste método, o diâmetro dos nanobastões pode ser controlado através do controlo do diâmetro poroso do padrão da membrana e o comprimento do bastão através da quantidade de ouro depositado nos seus poros [35]. Alguns autores referem que a adição de prata em pequenas quantidades, em substituição das esferas de ouro, é necessária neste processo. A presença da prata é crítica, mas o seu papel ainda está a ser discutido [35]. Apesar de o método proporcionar um rácio de aspeto controlado e uma boa uniformidade para os nanobastões [35], tem como desvantagem fundamental o baixo rendimento do bastão produzido, uma vez que só pode ser preparada uma monocamada do bastão [1].

Yu *et al.* (1997) são considerados os primeiros a sugerir o método de oxidação/redução eletroquímica em combinação com aditivos surfactantes. Prepararam nanobastões de ouro (GNRs) com uma espessura média de cerca de 10 nm e rácios de aspeto de 1,5 a 11 [5].

2.2.2. Método de síntese fotoquímica

O método fotoquímico para a síntese de nanobastões de ouro é um método amplamente estudado no que diz respeito à acessibilidade para fornecer bastões de elevado rácio de aspeto controlado pelos parâmetros envolvidos no processo.

O método requer a presença de uma solução de crescimento, sais de ouro como precursor do ouro, um solvente orgânico, diferentes quantidades de iões de prata, constituintes adicionais em diferentes proporções e uma fonte de luz UV. O método consiste num processo de redução entre os radicais à base de cetona formados na solução e os sais de ouro e tem lugar na presença de CTAB, um solvente orgânico como a acetona e outros constituintes adicionais.

A excitação lenta dos radicais de cetona, seguida da transferência de electrões para o sal de ouro, é um processo demorado, pelo que o método requer normalmente um longo período de tempo, que pode ir até 30 horas em algumas abordagens. A solução obtida é depois exposta à irradiação UV. A intensidade da luz UV depende da absorvência do solvente orgânico. Por exemplo, a acetona absorve a luz UV a 254 nm produzindo o estado excitado, pelo que as reacções neste caso estão limitadas a este comprimento de onda [41].

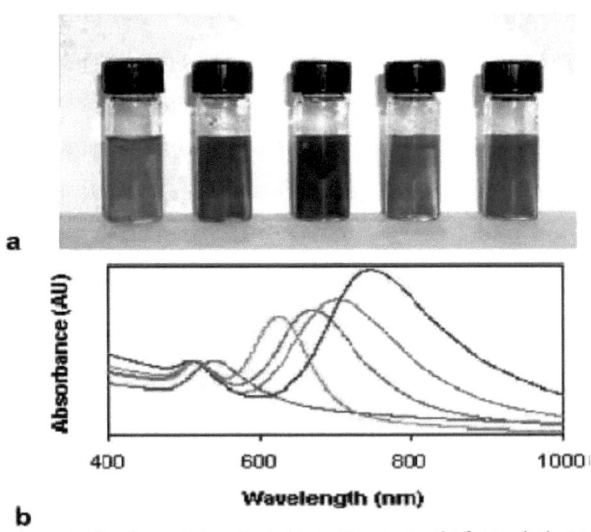

Figura 2. Imagem da solução de nanobastões de ouro preparada fotoquimicamente (a) e espetro UV-Vis correspondente (b). A solução mais à esquerda foi preparada sem adição de iões de prata. As outras soluções foram preparadas com a adição de 15,8, 31,5, 23,7, 31,5 pL de solução de nitrato de prata, respetivamente. A solução intermédia foi preparada com um tempo de irradiação mais longo (54 h) em comparação com todas as outras soluções (30 h), e pode observar-se a transformação em varetas mais curtas [35]. Reproduzido com permissão de Kim, F., J.H. Song e P. Yang, *Photochemical Synthesis of Gold Nanorods.* Journal of the American Chemical Society, 2002.**124** (48): p. 14316-14317. Copyright (2002) Sociedade Americana de Química.

Para compreender o princípio do método e concluir sobre o papel e a influência dos parâmetros envolvidos, apresenta-se de seguida uma descrição sucinta do método num conceito mais antigo e num mais próximo.

Franklin Kim *et al.*, em 2002, anunciaram a preparação de nanobastões de ouro uniformes com rácio de aspeto controlado utilizando fotoquímica na presença de iões de Ag.

Para a síntese utilizou uma solução de crescimento contendo brometo de hexadeciltrimetilamónio (CTAB) em solução aquosa. Nesta solução foi adicionado tetracoloaurato de hidrogénio (HAuCl *3H$_{42}$ O) como precursor do ouro e acetona e ciclohexano para desvincular a estrutura micelar [35].

Após a adição de diferentes quantidades de nitrato de prata (AgNO$_3$) como precursor de iões de prata, a experiência foi conduzida para mostrar a sua influência no tamanho e na relação de aspeto das barras e o seu papel no processo de preparação. Esta solução foi depois irradiada com uma luz UV de 254 nm durante 30 horas.

As conclusões relacionadas foram que o excesso de tempo de irradiação UV para uma dada concentração de iões de prata conduziu a varetas mais curtas. Observaram também que um aumento dos iões de prata produziu varetas com um diâmetro mais pequeno, mas com um rácio de aspeto aumentado. Deste modo, sublinharam que o tempo de irradiação UV e a concentração de prata são factores críticos no controlo das formas dos nanocristais, Figura 2. As imagens TEM dos nanobastões de ouro obtidos são apresentadas na Figura 3.

Katherine L. McGilvray *et al.* em 2006 e Marya Ahmed *et al.* em 2010 relataram a preparação de nanobastões de ouro através de um método fotoquímico modificado. Ambos os grupos referiram-se a este método como síntese one-pot e ambos utilizaram Irgacure-2959 (I-2959) como agente redutor [41,42].

Katherine L. McGilvray *et al.* sintetizaram nanobastões de ouro desprotegidos e muito estáveis, sem ligandos estabilizadores, em solução aquosa, na presença de I-2959, que requer luz UV de 350 nm, num processo muito curto (de alguns segundos a alguns minutos), em condições suaves, e controlando o tamanho simplesmente variando a intensidade da luz UV. Os nanobastões obtidos podem ser utilizados como ferramentas de estudo ou como catalisadores [42].

Marya Ahmed *et al.* sintetizaram, de uma forma rápida e fácil, nanobastões de ouro com diferentes rácios de aspeto com elevado rendimento. Utilizaram como fotoiniciador o I-2959 sensível a 350 nm e substituíram a acetona, normalmente utilizada como solvente orgânico na síntese fotoquímica, por THF (tetrahidrofurano), mostrando desta forma que a presença de acetona não é de importância crítica e pode ser substituída por vários solventes miscíveis com água [41]. O tempo de síntese é de 30 minutos.

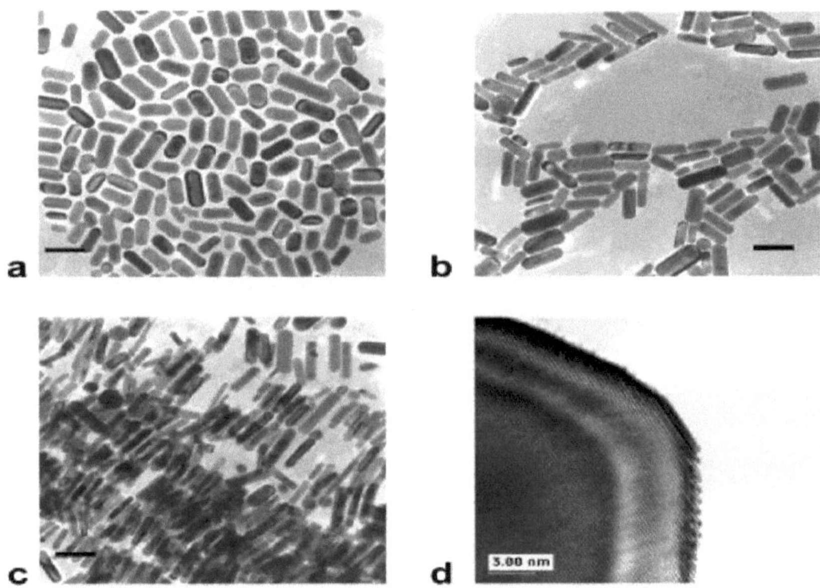

Figura 3. Imagens de microscopia eletrónica de transmissão (TEM) de nanobastões de ouro preparados com (a) 15,8 pL, (b) 23,7 pL, (c) 31,5pL, de solução de nitrato de prata. A barra indica 50 nm. (d) Imagem de alta resolução de um nanobastão de ouro [35]. Reproduzido com permissão de Kim, F., J.H. Song e P. Yang, *Photochemical Synthesis of Gold Nanorods.*Journal of the American Chemical Society, 2002.**124** (48): p. 1431614317. Copyright (2002) Sociedade Americana de Química.

Em conclusão, cada parâmetro envolvido no processo, tal como a natureza e a intensidade da luz, a concentração de agentes redutores, os iões de prata, a concentração de CTAB e outros produtos químicos utilizados adicionalmente no processo, têm um grande impacto no tamanho e no rácio de aspeto das barras finais, bem como no número de passos que devem ser seguidos e, por conseguinte, na duração da síntese [37, 41].

O crescimento dos bastões depende da irradiação UV e da uniformidade da fonte de luz. Foram obtidos bastões polidispersos em solução de crescimento expostos a laser pulsado, mas partículas monodispersas e mais pequenas foram produzidas após três dias de exposição à luz ambiente. É de salientar que as partículas não podem ser obtidas na ausência de luz [42].

A facilidade de síntese e o curto período de tempo do processo dependem do radical utilizado para a redução do sal de ouro. McGilvray *et al.*, 2006 [42] e Ahmed *et al.*, 2010 [41] utilizaram o mesmo fotoiniciador I-2959 como fonte de radicais cetil.

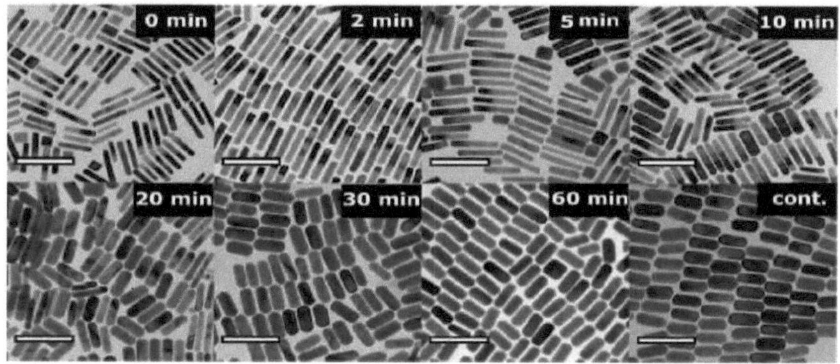

Figura 4. Micrografias TEM de Au NRs da solução de controlo (0,1 M CTAB) e após a adição de 0,125 M BDAC em tempos incrementais. A barra de escala é de 100 nm [43]. Reproduzido com permissão de Wadams, R.C., *et al.*, *Suscetibilidade dependente do tempo do crescimento de nanobastões de ouro à adição de um cosurfactante.* Química dos Materiais, 2013, **25** (23): p. 4772-4780. Direitos de autor (2013) Sociedade Americana de Química.

Este é um agente redutor muito sensível à radiação UV que, na presença do surfactante, reduz Au^{3+} a Au^{0}, resultando na formação de nanobastões de ouro estáveis e de elevada densidade espacial [41]. Assim, enquanto que para o método utilizado por [35] foram necessárias 30 horas para a exposição da solução de crescimento à luz UV, os métodos de [42] e [41] necessitam apenas de 30 minutos.

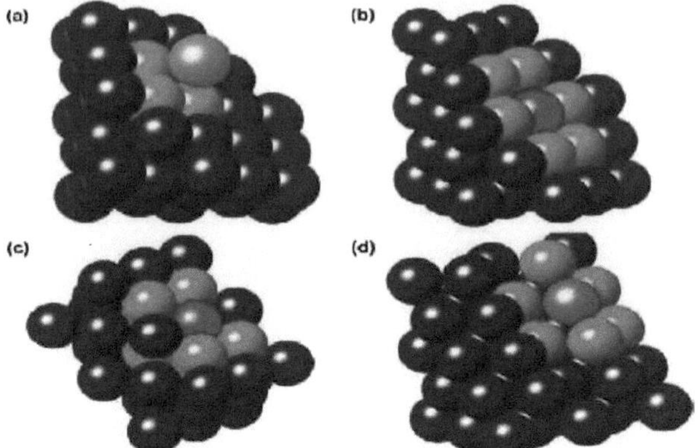

Figura 5. Simulação de configurações possíveis para átomos de Ag embebidos em AuNRs nas suas regiões próximas da superfície: (A) Átomo de Ag (laranja) no topo de uma superfície {111} de ouro fcc. (B) Átomo de Ag (púrpura) embebido numa superfície {111}. (C) Átomo de Ag (púrpura) embebido numa superfície {100}. (D) Átomo de Ag (laranja) embebido numa superfície {110}. Os vizinhos da primeira camada são mostrados em ciano [44]. Reproduzido com permissão de Placido, T., *et al.*, Photochemical Synthesis of Water-Soluble Gold Nanorods: O papel da prata na assistência ao crescimento anisotrópico. Química dos Materiais, 2009. **21** (18): p. 4192-4202. Direitos de autor (2009) Sociedade Americana de Química.

Uma combinação correta entre os produtos químicos utilizados e a abordagem fotoquímica pode alterar substancialmente o tempo de síntese [41].

A adição de tensioactivos também tem um papel importante. Se, nas fases iniciais do crescimento dos bastonetes, for adicionado um tensioativo com uma estrutura semelhante à do CTAB, isso pode influenciar o tamanho e a forma finais dos nanobastões obtidos [43], como se mostra na Figura 4.

A concentração de iões de prata utilizada desempenha um papel importante na relação de aspeto final das barras que controlam a forma dos nanocristais [35, 41].

Utilizando experiências EXAFS (Extended X-ray Absorption Fine Structure) realizadas através da amostragem de soluções com diferentes rácios de concentração de Au/Ag e com um aumento contínuo do tempo, Francesco Giannici *et al.* 2009 e Tiziana Placido *et al.* 2009, mostraram que os átomos de Ag° estão bastante embebidos na superfície próxima dos nanobastões de ouro. A Figura 5 mostra a possível configuração dos átomos de Ag na superfície dos nanobastões de ouro [44]. As micrografias TEM foram utilizadas na análise estatística para a avaliação da forma e da distribuição do tamanho dos nanobastões de ouro.

2.2.3. Síntese mediada por sementes

O método mais estudado e utilizado para a síntese de nanobastões de ouro devido ao elevado rácio de aspeto dos bastões finais [1,36, 37]

Na primeira etapa deste processo, o sal de ouro é reduzido quimicamente pelo borohidreto de sódio (NaBH$_4$), que é um forte agente redutor, dando origem a sementes de ouro. Estas sementes têm vários rácios de aspeto e representam os locais de nucleação para os nanobastões posteriores. A solução resultante é depois adicionada à solução de crescimento que contém CTAB, sal de ouro e ácido ascórbico ou outro agente redutor fraco [1, 5, 17,18, 36].

A formação de bastonetes e o seu rácio de aspeto podem ser controlados de muitas formas, como a variação do tamanho da semente [17], a quantidade de sementes de ouro, o tamanho da semente, o tempo de envelhecimento da semente, os intervalos de tempo entre as etapas de síntese, os aditivos, o tempo de crescimento, a natureza do tensioativo necessário para a geração de nanobastões e a concentração do tensioativo, a utilização de co-surfactantes, a concentração do redutor, a temperatura, o pH e a concentração do precursor de ouro [17, 18, 20].

Nikhil R. Jana *et al.* [36], em 2001, demonstraram, pela primeira vez, a possibilidade de obter nanobastões de ouro cilíndricos, homogéneos e estáveis a partir de sementes esféricas sem um molde nanoporoso, utilizando como método uma via química húmida de crescimento por sementeira em três etapas. Em resumo, primeiro, uma solução de crescimento contendo partículas de 3,5 ± 0,7 nm foi preparada usando uma solução aquosa de HAuCl$_4$, citrato tri-sódico e NaBH gelado$_4$. As partículas esféricas de citrato obtidas serviram de sementes nas etapas seguintes da experiência. Na etapa seguinte, foram obtidos nanobastões de ouro com um rácio de aspeto de 4,6 ± 1 a partir da solução de crescimento de sementes anterior, com uma adição de CTAB e de solução de ácido ascórbico 0,1 M sem qualquer outra agitação ou direção. A solução continha não apenas nanobastões, mas também esferas e placas. Na segunda experiência, que consistiu num método de sementeira em três etapas, foram obtidos apenas nanobastões de ouro com um rácio de aspeto de 13 ± 2,5 nm.

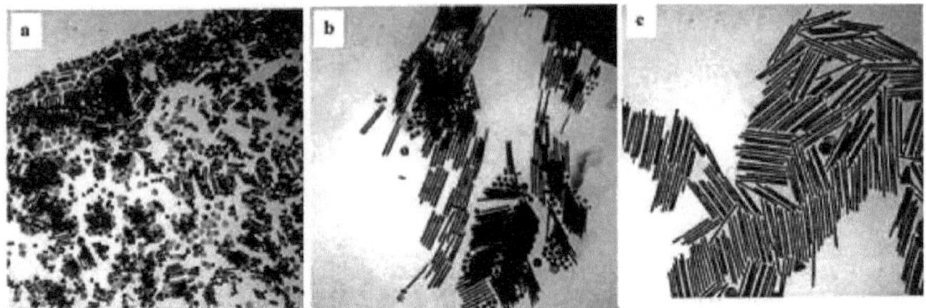

Figura 6. (a) Imagens TEM de nanobastões de ouro com um rácio de aspeto de 4,6, (b) nanobastões de ouro com um rácio de aspeto de 13 separados por forma, e (c) nanobastões de ouro com um rácio de aspeto de 18 separados por forma [36]. Reproduzido com permissão de Jana, N.R., L. Gearheart e C.J. Murphy, *Wet Chemical Synthesis of High Aspect Ratio Cylindrical Gold Nanorods.*The Journal of Physical Chemistry B, 2001.**105**(19): p. 4065-4067. Copyright (2001) Sociedade Americana de Química.

Para a terceira e última experiência, o método utilizado foi o mesmo que o da segunda, variando o tempo de adição da semente entre passos sucessivos. Após este procedimento obtiveram-se nanobastões de ouro com um rácio de haste de aspeto de 18 ± 2,5 nm, Figura 6 [36]. Todas as partículas eram estáveis e tinham eixos curtos de 16 ± 3 nm.

Em conclusão, os autores sublinharam a importância das condições de crescimento e da presença de um padrão micelar em forma de bastão para o elevado rácio de aspeto, que pode ser controlado de forma muito simples de 1 a 7 com a variação do rácio entre a semente e o metal. Com esta experiência, não só relataram um novo método para a preparação de nanobastões de ouro, como também demonstraram a importância de todos os factores envolvidos no processo para os resultados finais.

Outros métodos que utilizam nitrato de prata nas soluções de crescimento foram propostos por Jana *et al.* [36], mas modificados por Nikoobakht e El-Sayed [45] para obter rendimentos espectaculares de nanobastões com excelente monodispersão. É importante salientar que também demonstraram que a alteração da quantidade de iões Ag^+ na solução de crescimento permite um ajuste fino das relações de aspeto dos nanobastões.

Raja Gopal Rayavarapu *et al.*, 2007 descreveram um método de crescimento mediado por sementes com uma ligeira modificação do protocolo de Nikoobakht e El-Sayed [15]. Este método utiliza uma solução de crescimento que consiste em CTAB e $HAuCl\ x3H_{42}\ O$ com cor amarelo-escuro. Nesta solução foram adicionadas diferentes quantidades de $AgNO_3$ para produzir os rácios de aspeto desejados para os nanobastões resultantes. O ácido ascórbico é utilizado como agente redutor ligeiro. Com este método, demonstraram que os GNR produzidos com os protocolos de crescimento mediado por sementes são altamente dependentes da natureza da semente, do seu tamanho e dos agentes de cobertura utilizados. A adição de iões de prata na solução de crescimento e a utilização de sementes pré-formadas estabilizadas com CTAB no protocolo de Nikoobakht e El-Sayed [15] produziram não só um elevado rendimento de nanobastões monodispersos, mas também uma boa capacidade de afinação das relações de aspeto. A principal desvantagem dos métodos de sementes é a sua reprodutibilidade limitada devido ao número relativamente elevado de etapas envolvidas [18].

Susanne Koeppl *et al.* (2010), reportaram uma melhoria na reprodutibilidade do nanorod de ouro com elevado rácio de aspeto conseguida através da redução dos passos no método de crescimento mediado por sementes em presença de elevadas concentrações de CTAB, que se baseia na adição rápida de um pequeno volume de partículas de sementes (na ordem dos 10 pL). A síntese de Nanobastões de Ouro está muito bem descrita por Susanne Koeppl *et al.* Para mais informações relativas aos materiais e equipamentos laboratoriais utilizados ver ref. [18].

2.3. Síntese das nano-cascas de ouro

Atualmente, as nano-cascas de ouro podem ser preparadas por dois métodos [46]. O primeiro é o método core-shell, no qual um núcleo dielétrico, como as nanopartículas de sílica, é utilizado como modelo não sacrificial [46]. As nanopartículas de ouro ligam-se a estes modelos por ligação covalente e formam uma casca espessa de ouro. A formação do invólucro continua através de uma redução adicional da solução de ouro até se obter a espessura desejada do invólucro

[12, 46]. O segundo método é um modelo de substituição galvânica em que o metal central, como a prata ou o cobalto [47], é sacrificado para a formação de nano-cascas ocas de ouro. O processo ocorre devido à diferença nos potenciais electroquímicos entre os dois metais. Se o sal metálico utilizado para formar a nano-casca tiver um potencial de redução padrão maior, então será reduzido a metal e será depositado na superfície formando uma camada fina. O núcleo metálico cede os seus electrões e dissolve-se na solução sob a forma de iões, deixando uma estrutura oca no seu lugar [47].

2.3.1. Auto-montagem molecular combinada com redução química de núcleos

O método de auto-montagem molecular combinado com o método de síntese por redução química de um metal coloidal foi introduzido pela primeira vez por S. J. Oldenburg e seus colaboradores na Universidade Rice, Huston, EUA, em 1998 [48]. Trata-se de uma abordagem geral e pode provavelmente ser utilizada para a preparação de uma grande variedade de nano-cascas metálicas constituídas por diferentes materiais de revestimento e de núcleo. As nano-cascas metálicas obtidas são nanopartículas compósitas constituídas por uma casca muito espessa que cobre um núcleo dielétrico. O método oferece a possibilidade de produzir partículas com propriedades ópticas "*projectadas*" [49, 50], variando a espessura dos dois componentes. A técnica foi aplicada pela primeira vez a núcleos de sílica monodispersos revestidos com cascas de ouro. Em primeiro lugar, os núcleos de sílica dieléctrica são cultivados utilizando o processo Stober [51] e, em seguida, as sementes de sílica são revestidas com silano para a sua aminação. Nesta altura, é adicionada uma solução que contém partículas coloidais de ouro muito pequenas, com 1-2 nm. Assim, forma-se a primeira camada fina de ouro, que cobre cerca de 30% da superfície do núcleo de sílica. Estas sementes constituem os locais de nucleação e são posteriormente revestidas por uma solução que contém ácido cloroáurico e seus redutores até se obterem as partículas de nano-casca de ouro pretendidas. O diâmetro das nano-cascas pode ser controlado através da variação da espessura da casca de ouro e do raio do núcleo. Deste modo, obtêm-se nano-cascas com diferentes SPR [52, 53]. Pham *et al.* [54] fizeram uma apresentação passo a passo do protocolo de síntese deste método.

Os membros dos grupos Oldenburg e Halas estudaram muito bem este método e obtiveram nano-cascas de ouro com propriedades específicas que as tornam adequadas para aplicações em nanomedicina. Por exemplo, em 2002, Averitt *et al.* conceberam compósitos de nano-cascas termossensíveis utilizados na administração de fármacos com controlo fototérmico [52, 55] e, em 2004, J. L. West *et al.* inovaram com nano-cascas metálicas utilizadas na reparação de tecidos [56] e em aplicações de biossensores [50].

Ken-Tye Yong, em 2006, obteve pela primeira vez nanoesferas de ouro resultantes da decoração com ouro de núcleos de poliestireno (PS) com diâmetros de 188 a 543 nm [53]. As esferas de poliestireno auto-montam-se em cristais coloidais muito facilmente devido à sua uniformidade. Em primeiro lugar, são funcionalizadas com cloridrato de 2-aminoetanotiol (AET), resultando em microesferas tioladas que depois se ligam facilmente a uma fina camada de nanoesferas de ouro. Além disso, as nanoesferas de ouro podem continuar a crescer em excesso de iões de ouro para formar o invólucro completo [53].

Sauerbeck *et al.*, 2014, estudaram pela primeira vez nano-cascas de ouro com núcleo de sílica *in situ*, numa tentativa de criar um método de síntese repetível para nano-cascas de ouro esféricas com núcleo de sílica, Figura 7 [57].

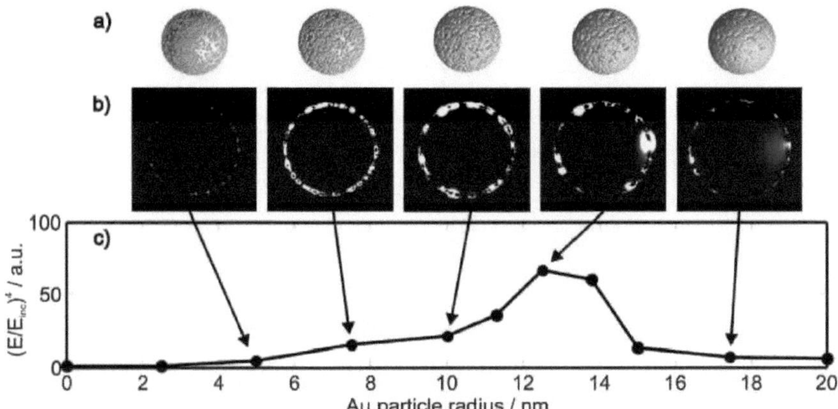

Figura 7. (a) Ilustração das estruturas do núcleo de sílica e ouro utilizadas nas simulações FDTD que compreendem um núcleo de sílica de 300 nm e hemisférios de Au com raios de 5, 7,5, 10, 12,5 e 17,5 nm (da esquerda para a direita). (b) Visualização da quarta potência do campo elétrico local relativo simulado (E/Einc) 4 sobre a secção transversal da partícula. (c) Gráfico da quarta potência do campo elétrico local relativo integrado sobre a superfície das partículas simuladas versus o raio

dos hemisférios de ouro na superfície de sílica. A linha é incluída como um guia para o olho [57]. Reproduzido com permissão de Sauerbeck, C., *et al.*, *Shedding Light on the Growth of Gold Nanoshells.* ACS Nano, 2014. **8**(3): p. 3088-3096. Direitos autorais (2014) Sociedade Americana de Química.

2.3.2.Reação de substituição galvânica modelada

Em 2002, Xia *et al.* fundaram o método de síntese da reação de substituição galvânica, juntamente com a formação de uma nova classe de nanopartículas de ouro, as nanocápsulas [58, 59]. Além disso, demonstraram que não só os nanocubos de prata, mas também muitos outros tipos de nanopartículas de prata podem ser utilizados como modelos no processo de fabrico de nano-cascas ocas de ouro [60].

Neste método, as nano-cascas de ouro são obtidas a partir de nanocápsulas de prata utilizadas como modelos e de uma solução de $HAuCl_4$ utilizada como precursor do ouro. O método consiste na oxidação eletroquímica do núcleo metálico, neste caso a prata, que se dissolve dando origem a uma solução molecular. Posteriormente, o sal de ouro é reduzido a ouro metálico que se depositará no esqueleto vazio dos nanocubos de prata anteriores.

Até agora, os esforços de muitos investigadores têm sido feitos no sentido de melhorar o método no que diz respeito ao seu percurso, que é demasiado longo e envolve muitas etapas e reagentes tóxicos, em detrimento das suas aplicações biomédicas. Por exemplo, Brian G. Prevo *et al.* em 2008, estabeleceram uma nova abordagem simples e escalável que elimina muitos dos inconvenientes anteriores. O método não utiliza reagentes tóxicos, solventes e aditivos, elimina as etapas de centrifugação, não necessita de métodos de aquecimento especiais nem de condições ambientais [12]. Outro exemplo é o de Brett W. Boote *et al.* que, em 2013, utilizou uma abordagem one-pot Ag core/Au shell para obter nanopartículas revestidas de ouro e prata. O processo ocorre à temperatura ambiente e consiste na redução sequencial de iões de prata e ouro na presença de $K_2\ CO_3$ e solução de ácido L-ascórbico. As partículas obtidas são pequenas, mas o seu tamanho pode ser alterado através da irradiação de luz [61].

Foram produzidas nano-cascas de ouro híbridas utilizando estruturas de microgel termo-sensíveis, que formam uma casca que combina propriedades termo-sensíveis e de gel em ambiente aquoso. O núcleo é constituído por um polímero insolúvel em água que permite a síntese de nanopartículas metálicas na superfície do núcleo. Além disso, o método permite reduzir a agregação das partículas [62].

2.4. Síntese de nanocápsulas de ouro

As nanocápsulas de ouro são compósitos ocos com paredes porosas, pelo que podem ser obtidas através dos métodos caraterísticos da sua classe, como qualquer outra estrutura oca de ouro. Tal como descrito por H. Wang *et al.* 2015, os principais métodos utilizados são a reação de substituição galvânica, a gravação selectiva e a calcinação do núcleo/casca de ouro [19].

2.4.1. Os métodos de gravura e de calcinação

Estes métodos são muito utilizados e consistem na deposição de cascas de ouro em modelos de esferas que depois são removidos seletivamente através de um ataque químico ou calcinação. É possível obter muitas estruturas ocas de ouro, tais como nanoesferas e nanocápsulas ocas de ouro, utilizando nanoesferas com núcleo de poliestireno (PS) e invólucro de ouro. O principal inconveniente deste método é o elevado risco de destruição quando o PS é removido. A altas temperaturas e utilizando o processo de calcinação, os modelos de PS podem ser removidos. No entanto, o processo é complicado e existe o risco de destruição das camadas de ouro. A casca de ouro também tem uma fraca resistência mecânica, o que dificulta a extração do PS por dissolução em solventes orgânicos nos quais o PS se dissolve. A melhor forma referida por Wang *et al.* é o método de corrosão por solvente combinado com tratamento térmico [19].

2.4.2. Reação de substituição galvânica modelada

Muitos investigadores referiram a utilização de um modelo de substituição galvânica para fabricar nanocápsulas de ouro. O princípio básico do método é o mesmo que o descrito no método de preparação de nano-cascas ocas de ouro.

Devido à necessidade de melhorar as vias do método e de controlar a toxicidade das nanocápsulas de ouro para aplicações biomédicas, os métodos diferem de um investigador para outro. As diferenças surgem em termos da estrutura e composição do molde [47, 63, 64], da liga e desalojamento da deposição de ouro, da espessura da parede ou da presença de paredes múltiplas, da utilização de polímeros inteligentes como cobertura das nanocápsulas de ouro [65], dos solventes utilizados nas reacções [47, 60].

Jingyi Chen *et al.* 2006, utilizando nanocubos de prata truncados na presença de poli(vinil pirrolidona), PVP, obtiveram nanocápsulas de ouro com poros controláveis na superfície, Figura 8 [63].

Através da redução com poliol Sara E. Skrabalak *et al.* obtiveram em 2008 nanocápsulas de ouro com tamanho e composição controlados através da concentração do sal metálico utilizado como precursor do ouro, Figura 9.

Se as nanocápsulas de ouro obtidas forem novamente revestidas para obter outro invólucro, utilizando uma substituição galvânica sucessiva, podem ser obtidos nanoratículos e nanoencapsulamentos com paredes múltiplas, Figura 10 [64].

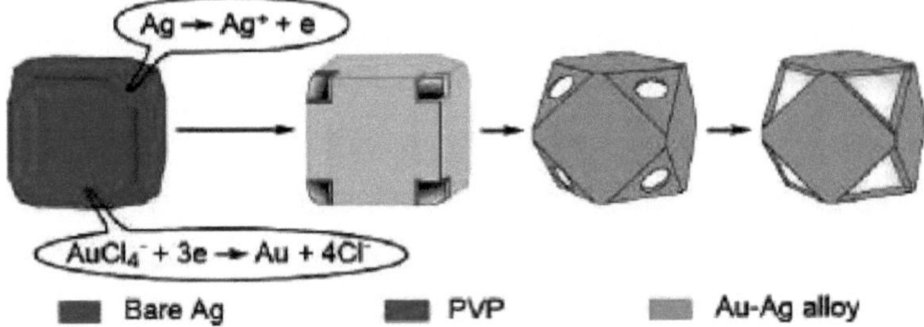

Figura 8. Ilustração esquemática detalhando todos os principais passos envolvidos na formação de nanocápsulas Au-Ag com poros bem controlados nos cantos [63]. Reproduzido com autorização de Chen, J., *et al.*, *Facile Synthesis of Gold-Silver Nanocages with Controllable Pores on the Surface.*Journal of the American Chemical Society, 2006. **128**(46): p. 14776-14777. Direitos de autor (2006) Sociedade Americana de Química.

A luz UV utilizada para bioactivar as espécies reduz ou elimina completamente o efeito de enjaulamento dos compostos fotossensíveis, que é necessário na visualização de sistemas biológicos. Tendo em conta este inconveniente, Mustafas S. Yavuz, 2009, estabeleceu um método em que polímeros inteligentes como a poli(N-isopropilacrilamida), pNIPPAm, foram utilizados para cobrir as nanocages de ouro fabricadas. Neste caso, pode ser utilizado um feixe de laser no infravermelho próximo com um comprimento de onda idêntico ao do pico de absorção das nano-cadeias de ouro. Assim, a conversão da luz absorvida em calor será possível através do efeito foto-térmico [65].

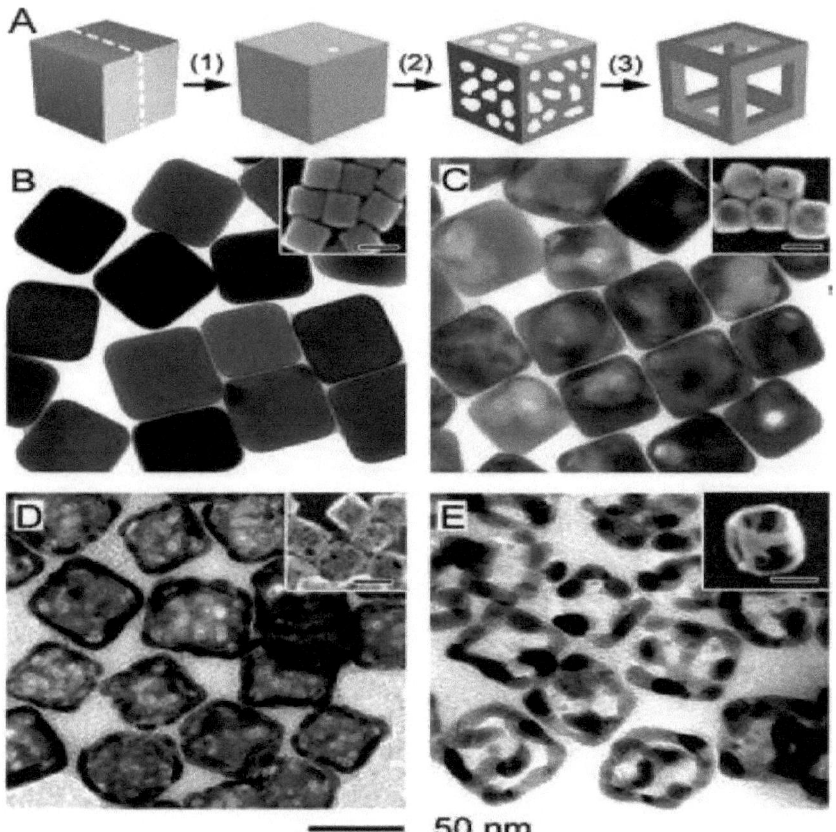

Figura 9. (A) Ilustração que resume a formação da nanoestrutura cúbica de Au. A coloração indica a conversão de um nanocubo de Ag em uma nanocage Au / Ag e, em seguida, um nanoframe predominantemente Au. (B-E) TEM e SEM (insets) de (B) nanocubos de Ag de 50 nm, (C) nanoboxes Au / Ag preparados por substituição galvânica e (D) nanocages e (E) nanoframes preparados com Fe (NOs) 3 como um condicionador de Ag [64]. Reproduzido com permissão de Skrabalak, S.E., *et al.*, *Gold Nanocages: Synthesis, Properties, and Applications.*Accounts of Chemical Research, 2008. **41**(12): p. 15871595. Copyright (2008) Sociedade Americana de Química.

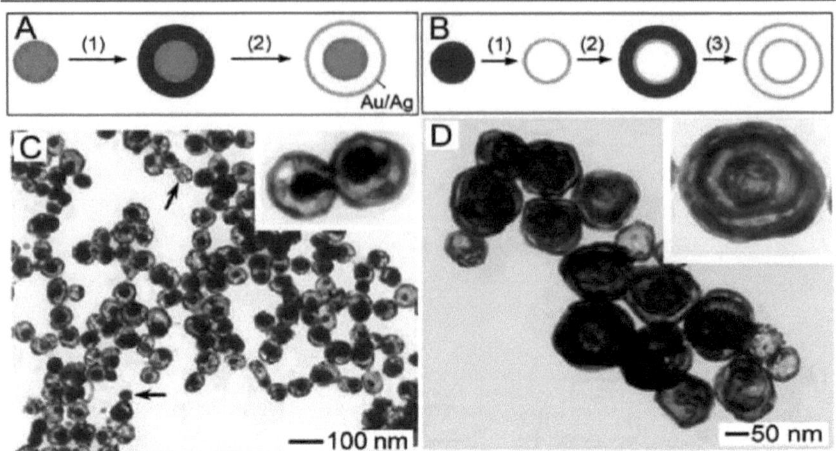

Figura 10. A) Esquema que ilustra a preparação em várias etapas de nanoratículos. (B) Esquema ilustrando a preparação em várias etapas de nano-cascas de paredes múltiplas, começando com nanopartículas de Ag. (C) TEM de nanorattles. (D) TEM de nanoshells Au / Ag de paredes múltiplas [64]. Reproduzido com permissão de Skrabalak, SE, *et al.*, *Gold Nanocages: Síntese, Propriedades e Aplicações.* Contas de Pesquisa Química, 2008.**41**(12): p. 1587-1595. Copyright (2008) Sociedade Americana de Química.

2.5. Síntese de nano-cadeias de ouro

As nano-cadeias de ouro podem ser fabricadas através de reacções de substituição galvânica realizadas em solução ou num substrato sólido [66]. Nestes métodos, nanoestruturas de Ag de várias morfologias têm sido empregues para serem usadas como modelos de sacrifício. Entre elas, estruturas como as esféricas, nanocubos com cantos truncados e octaédricas, são as mais importantes para este fim [66].

Existem muitos relatórios sobre a reação de substituição galvânica em solução utilizando uma diversidade de modelos, mas a utilização de muitos reagentes químicos continua a afetar a biocompatibilidade das nano-cadeias de ouro. Por conseguinte, os investigadores juntaram os seus esforços para encontrar novos biomodelos funcionais para serem utilizados no fabrico de nano-cadeias de ouro. Por exemplo, Jing Zhou *et al.* desenvolveram pela primeira vez um novo bio-modelo de acetato de octreotido (OCT), que é um análogo octapeptídeo sintético da somatostatina caracterizado por uma composição simples em aminoácidos [6]. Este modelo foi utilizado num método fácil para a montagem de nano-cadeias de ouro em meio aquoso. O acetato de octreotido tem a capacidade de alterar a sua morfologia para semelhante a uma cadeia em solução ácida, o que o torna um suporte atrativo para matrizes ordenadas de nano-cadeias. O mecanismo de formação das nano-cadeias de ouro pode ser resumido como a interação eletrostática entre o acetato de octreotido e as nanopartículas de ouro, conjugação do ouro com aminoácidos especiais, Trp e Lys. O diâmetro das nano-cadeias de ouro e, com ele, os efeitos da LSPR são determinados pela relação $NaBH_4$ para $AuCl_3$. A citotoxicidade das nano-cadeias de ouro foi examinada através do ensaio de microtitulação baseado no corante de tetrazólio (MTT), que demonstrou uma toxicidade significativamente menor do que a do acetato de octreótido isolado, pelo que as cadeias de OCT-GNPs resultantes podem ter aplicações biomédicas sustentáveis.

Tendo em consideração a necessidade de substratos sólidos em algumas aplicações, como sensores ou catálise, Ziren Yan *et al.* em 2015, relataram pela primeira vez a preparação por reação de substituição galvânica de nano-cadeias ocas de ouro em modelos de Ag de substrato sólido [66].

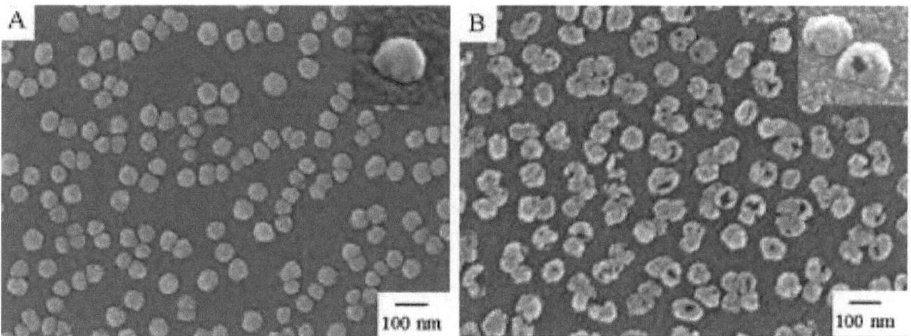

Figura 11. Imagens SEM mostrando a morfologia dos modelos de AgNP antes (A) e depois (B) da substituição galvânica utilizando uma solução de $HAuCl$ 0,1 mM_4 durante 2 h com vista superior. Insets: vista inclinada com ângulo de inclinação de 45°[66]. Reproduzido de uma fonte de acesso livre.

O processo começa com a eletrodeposição das nanopartículas de prata em superfícies de vidro que são revestidas com uma película de óxido de índio e estanho (ITO). A morfologia dos modelos de nanopartículas de prata antes da substituição galvânica e depois é mostrada na Figura 11 e na Figura 12 pode ser observada a morfologia das nano-cadeias Ag-Au obtidas [66]. Para obter nanocápsulas de ouro puro é necessário um processo de desalojamento do complexo de nanocápsulas Ag-Au.

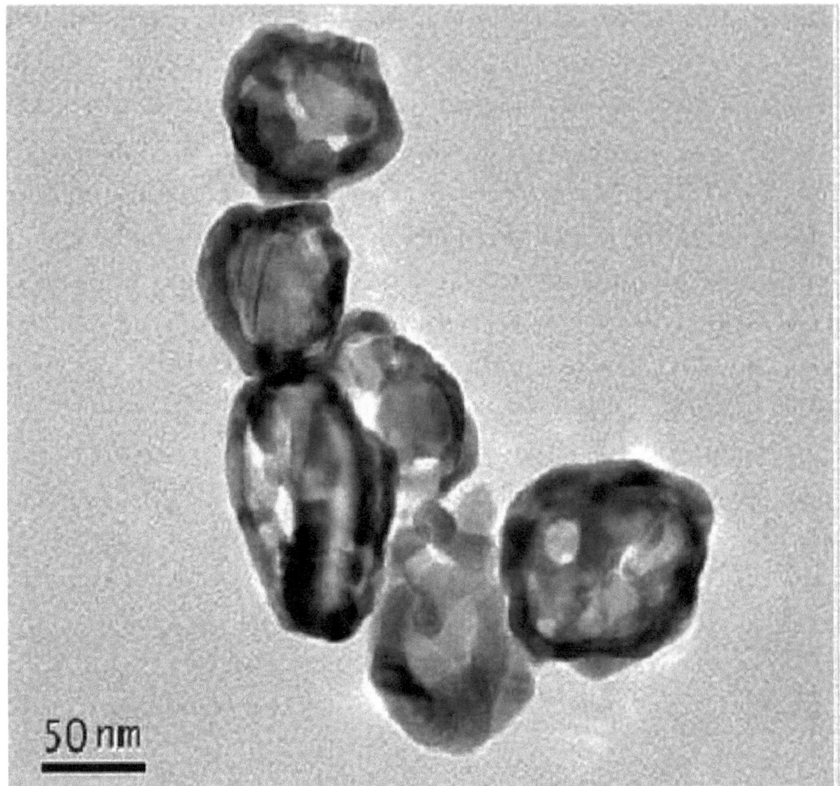

Figura 12. Imagem TEM de Ag-Au NCs preparados por reacções de substituição galvânica durante 2 h e removidos da superfície do substrato [66]. Reproduzida de uma fonte de acesso livre.

2.6. Síntese de nanopartículas de ouro por métodos ecológicos

A possibilidade de produzir grandes quantidades de nanopartículas de ouro com propriedades físico-químicas bem controladas num curto espaço de tempo torna os métodos de síntese convencionais muito atractivos. No entanto, a principal desvantagem deste método é a possibilidade de ocorrência de complexos tóxicos de ouro ou de subprodutos durante o processo [9-11, 30, 67]. Por conseguinte, a sua utilização em aplicações médicas é altamente restrita, exigindo estudos pormenorizados e precisos sobre a sua toxicidade e biocompatibilidade. Assim, muitos investigadores concentraram a sua atenção em métodos de síntese respeitadores do ambiente, que produzem menos ou nenhuns resíduos tóxicos e as nanopartículas de ouro resultantes são biologicamente compatíveis e não tóxicas [68].

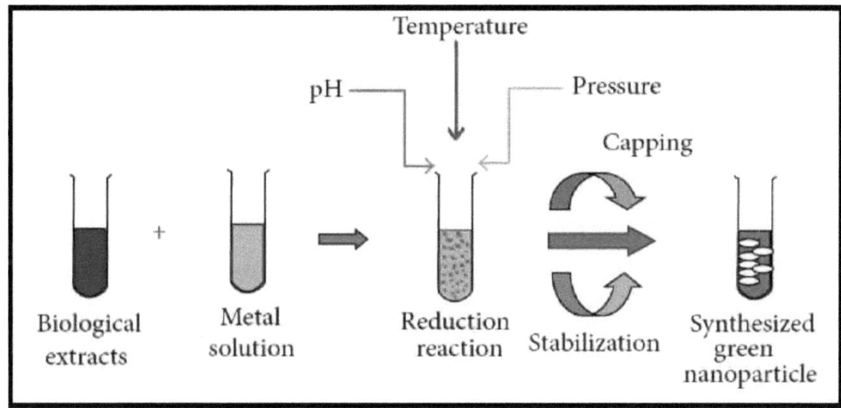

Figura 13. Síntese biológica de nanopartículas utilizando tecnologia verde [10]. Reproduzido de uma fonte de acesso livre.

Desta forma, o conceito de "nanotecnologia verde" foi alargado, dando lugar a matérias-primas e métodos biológicos a utilizar na preparação de nanopartículas. Nos métodos biológicos estão envolvidas várias partes de plantas (folhas, flores, raízes, sementes), extractos de plantas, biomassa vegetal, microorganismos, algas, vírus e outros. Também podem ser utilizados produtos biológicos derivados do seu metabolismo, tais como proteínas, aminoácidos e lípidos. A superioridade destes métodos é demonstrada pela qualidade das nanopartículas de ouro produzidas através de um processo com menor consumo de energia e sem produtos químicos envolvidos no percurso do método ou como subprodutos. Desta forma, "os doze princípios da química verde", sublinhados pela Agência de Proteção do Ambiente dos Estados Unidos (EPA), que estabelecem os princípios básicos da química verde [69], tornaram-se um guia de referência para todos os envolvidos na síntese química em geral e nas nanopartículas de ouro em particular [70].

A síntese biológica de nanopartículas baseia-se num conceito bottom-up que segue três etapas, Figura 13 [10], em que os materiais devem ser cuidadosamente escolhidos. O solvente e o agente redutor devem ser ecologicamente corretos e o material de cobertura utilizado como agente de estabilização das nanopartículas de ouro sintetizadas deve ser atóxico [71].

2.7. Síntese de nanopartículas de ouro por microorganismos

A procura crescente de nanopartículas não tóxicas com grandes aplicações no diagnóstico e no tratamento humano levou muitos investigadores a desenvolver processos sintéticos com menos resíduos químicos, menor tempo de procedimento, não tóxicos, mais baratos e amigos do ambiente. Estes factores, juntamente com o conhecimento do comportamento dos microrganismos, conduziram a muitos métodos biomiméticos para o crescimento de nanomateriais. Atualmente, podem ser obtidas em grande escala pequenas nanopartículas de ouro com melhor comportamento catalítico e maior estabilidade devido aos produtos biológicos, como as enzimas utilizadas no processo [72].

Os microrganismos produzem nanopartículas de ouro devido ao seu potencial congénito [72, 73] ou como um processo de autodefesa contra concentrações muito elevadas de iões metálicos [74, 75]. O mecanismo de síntese pode ocorrer intra ou extracelularmente, ou ambos [72-74].

Tal como descrito por muitos investigadores [72, 74], no mecanismo intracelular, os iões positivos do metal que atravessam a membrana celular e entram na célula são reduzidos a átomos metálicos pelas enzimas redutases. Além disso, os átomos metálicos depositam-se em diferentes partes da célula, como a parede da membrana, os organelos ou o citoplasma (principalmente), formando nanopartículas [73]. É possível que os iões metálicos positivos atravessem a membrana devido a interações electrostáticas entre eles e a membrana carregada negativamente ou devido a compostos poliméricos extracelulares segregados pelo microrganismo [74]. No mecanismo extracelular, os iões metálicos são imobilizados na superfície exterior da parede da membrana e depois reduzidos por enzimas [9, 74].

Uma vez formadas, as GNP têm de ser extraídas do interior da célula ou do seu ambiente. Em geral, as nanopartículas obtidas intracelularmente transportam muitos produtos e componentes das células hospedeiras, pelo que a sua separação requer etapas suplementares, como a utilização de detergentes adequados ou a ultra-sonificação, enquanto as nanopartículas produzidas extracelularmente não apresentam componentes desnecessários [72, 73].

Vários microrganismos, como bactérias, algas, leveduras e fungos, têm sido utilizados para obter nanopartículas de ouro. As nanopartículas de ouro sintetizadas por microrganismos apresentam um maior controlo do tamanho, morfologia, estabilidade e monodispersão [76] e diferem de um organismo para outro. As caraterísticas das nanopartículas obtidas dependem da fase de crescimento do microrganismo, das condições físico-químicas do caldo e da temperatura [77]. Os microrganismos podem produzir nanopartículas de ouro com uma grande variedade de tamanhos, de 5 a 100 nm, e formas tais como: esféricas, por exemplo, *Pseudomonas aeruginosa*, *Bacilus subtilis*, *Escherichia coli*; cúbicas, por exemplo, *Bacillus licheniformis*; triangulares, por exemplo, *Aspergillus clavatus* [73]. Por vezes, o tamanho e a forma dos GNP sintetizados pelo mesmo microrganismo diferem consoante o modo como foram produzidos. Por exemplo, *Bacillus subtilis* produz GNP intracelulares esféricas e extracelulares irregulares, enquanto *Escherichia coli* produz GNP extracelulares pequenas (10 nm) e esféricas e GNP intracelulares maiores (20-50 nm) e irregulares.

Os estudos efectuados em procariotas por Southam e Beverige (de 1983 a 1996) mostraram claramente a capacidade das bactérias para gerar sulfuretos ou fosfatos metálicos ou para transformar ouro coloidal em octaédrico, demonstrando o envolvimento das bactérias na formação de depósitos de ouro na natureza. Em 1994, Southam e Beverige obtiveram pela primeira vez ouro octaédrico *in vitro* a partir de ouro elementar na presença de *Bacillus subtilis* 168 [78, 79]. O *Bacillus subtilis* 168 é um organismo utilizado como modelo na investigação laboratorial e em processos industriais. As origens, a herança genómica e a caraterização das estirpes de *Bacillus subtilis* 168 são apresentadas por D.R. Zeigler *et al.* do Bacillus Genetic Stock Center da Universidade Estatal de Ohio [80].

M. Lengke e G. Southam demonstraram em 2006 que *as bactérias* activas *redutoras de sulfato* (SBR) na presença de sulfureto de ferro são capazes de utilizar $Au(S_2O_3)_2^{3-}$ como fonte de energia e de precipitar ouro como produto do seu metabolismo com a libertação de sulfureto de hidrogénio. Supõem que entre o sulfureto de ferro e os iões de ouro do ouro(I)-tiossulfato ocorre um processo de redução catalisado pelo transporte dos electrões gerados pela célula bacteriana. Quando a célula está ativa, o ouro precipita-se no seu interior, ao passo que quando se encontra em estado estacionário ou morre, o ouro é libertado na solução ambiental, onde se aglomera e forma ouro octaédrico. Deste modo, foram obtidas nanopartículas de ouro intracelulares de tamanho inferior a 10 nm, enquanto as nanopartículas de ouro extracelulares tinham uma forma octaédrica e um tamanho inferior a 25 nm até 8 μm [81].

Mais uma vez, M. F. Lengke *et al.*, em 2006, relataram a preparação de nanopartículas de ouro intracelulares mais pequenas do que 10 nm em forma cúbica e plaquetas octaédricas muito finas, utilizando a cianobactéria filamentosa gram-negativa chamada *Plectonema boryanum* UTEX 485 [82].

As bactérias Gram positivas também foram investigadas na produção de nanopartículas de ouro. Por exemplo, Sriram MI *et al.* em 2012 descreveram um método em que *Bacillus licheniformis* KK2 é utilizado para sintetizar nanopartículas de ouro intracelulares [76].

S. A. Wadhwani *et al.* em 2014 foram os primeiros a estudar e otimizar a síntese de GNPs poliédricas e monodispersas por *Acinetobacter sp.* SW30 isoladas de lamas de esgoto. Obtiveram GNPs extra e intracelulares de tamanho aproximado de 20 nm que não eram tóxicas para as células de *Acinetobacter.* Optimizaram o método de preparação e demonstraram que parâmetros como o tempo, o pH, a temperatura, a idade da cultura, a densidade celular e a concentração do sal de ouro têm uma grande influência na morfologia e no tamanho das nanopartículas de ouro obtidas [75].

Atualmente, é geralmente aceite que os fungos são superiores às bactérias no que diz respeito à síntese de nanopartículas de ouro [72, 73]. Podem crescer mais facilmente em condições laboratoriais e podem ser utilizados à escala industrial devido à sua capacidade de produzir grandes quantidades de proteínas e enzimas necessárias no processo de produção de nanopartículas de ouro. Além disso, as nanopartículas de ouro produzidas apresentam uma boa monodispersão, são uniformes em tamanho e forma e podem ser separadas sem esforço do seu caldo [73]. Todas estas caraterísticas tornam os fungos um candidato muito promissor para a produção de nanopartículas de ouro em grande escala num futuro próximo. Espécies fúngicas como *Verticillium sp.* [83], *Fusarium oxys-porumf. sp. cubense* JT1, um fungo patogénico para as plantas [73, 84] e *Penicillinium chrysogenum* [73] foram investigadas para a síntese de GNPs. P. Mukherjee *et al.* 2001, descobriram que *Verticillium sp.* produz GNPs extracelulares monodispersas com dimensões definidas que são delimitadas na superfície das suas células [83]. H. M. Magdi demonstrou que *Penicillinium chrysogenum*, na presença de iões cloreto de ouro em solução, pode produzir pequenas GNP esféricas e extracelulares (1-3 nm). O *Phanerochaete chrysosporium* pode produzir nanopartículas de ouro esféricas de 10-100 nm numa reação de crescimento de 90 min. na presença de iões de ouro. A reação é antes conduzida pelas duas enzimas presentes, Laccase e Ligninase e as proteínas e as partículas obtidas são estáveis, como demonstrado por R. Sanghi *et al.* em 2011 [85].

Os fungos unicelulares, as leveduras, também podem ser utilizados na produção de nanopartículas de ouro. Foram preparadas nanopartículas de ouro com morfologia de estruturas cúbicas de face centrada, tamanho de 50-70 nm e picos de plasmon de superfície de 530 nm através de uma síntese extracelular na presença de *Candida guilliermondii*. As GNP obtidas foram testadas em relação à sua atividade antimicrobiana e verificou-se que apresentavam uma atividade elevada contra algumas estirpes de *Staphylococcus aureus*, A. Mishra *et al.*, 2011 [86].

Foram sintetizadas nanopartículas de ouro através da bioreacção de *Yarrowia lipolytica* em soluções de ácido cloroáurico a diferentes concentrações e a diferentes pH. As experiências mostraram que, com um número fixo de células, o tamanho das nanopartículas aumenta com o aumento da concentração de sal [87] e que os cristais de ouro são ligados à parede celular em diferentes valores de pH [88].

Os actinomicetos são outra categoria de microrganismos utilizados no fabrico de PNB, devido à sua semelhança com bactérias e fungos. Absar Ahmad *et al.*, no início de 2003, utilizando o actinomiceto alcalotermófilo, *Thermomonospora sp.* na presença de iões cloroaurato em solução aquosa, produziram GNPs extracelulares, com boa monodispersidade e tamanhos de cerca de 8 nm [89]. O mesmo grupo, mais tarde em 2003, relatou a síntese de GNPs com boa monodispersidade e de dimensões de 5-15 nm no interior da parede celular e na membrana citoplasmática, desta vez utilizando o alcalotolerante actinomiceto *Rhodoccocus sp.* [90]. Observaram que tanto os iões de ouro como as nanopartículas de ouro não eram tóxicos para as células, que continuaram a multiplicar-se durante e após a experiência.

Kalabegishvili *et al.*, em 2012, utilizaram uma variedade de estirpes de actinomicetos de *Streptomyces* e *Arthrobacter* e a alga azul-verde *Spirulina platensis*. No final das experiências, obtiveram GNP extracelulares com uma boa dispersabilidade, tamanhos que variam entre 5-80 nm e forma esférica. Sugeriram também a dependência da formação de GNP em relação ao tempo e a possibilidade de controlar o tamanho das GNP devido à variação da concentração de ouro e do número de células em solução [91].

Sargassum wightii é uma alga marinha que pode produzir em pouco tempo nanopartículas de ouro de 8-12 nm, como demonstrado por G. Singaravelu *etal.* em 2007 [92].

A Chlorella vulgaris, uma alga verde unicelular, na presença de ácido cloroáurico em solução aquosa e à temperatura ambiente, pode produzir nanoplacas de ouro com formas hexagonais e triangulares e tamanhos laterais de nanómetros a micrómetros, Jianping Xie *et al.*, 2007 [93].

Nanopartículas bimetálicas, núcleo de ouro e casca de prata, foram obtidas por reação de redução simultânea de $HAuCl_4$ e $AgNO_3$ em solução aquosa na presença da alga verde azul *Spirulina platensis*. As condições de reação foram pH 5,6 e 37° C e as nanopartículas foram obtidas num processo extracelular após 120 horas. Os tamanhos das nanopartículas obtidas foram de 6-10 nm para o ouro, 7-16 para a prata e 17-25 nm para o bimetálico. Supõe-se que a proteína única da *Spirulina* contribuiu para a redução e o revestimento das nanopartículas de ouro-prata obtidas, K. Govindaraju *etal*, 2008 [94].

Para concluir, devemos referir algumas invenções interessantes que já estão patenteadas nos EUA e que são utilizadas no âmbito da produção em grande escala de nanopartículas de ouro biocompatíveis e ecológicas com muitas aplicações. Por exemplo, na patente US 2012018425 A1 de 2012, as nanopartículas de ouro são obtidas a partir de diferentes microrganismos e depois são utilizadas como agentes antifúngicos [95].

Outro exemplo é a patente US 008257670B1, de 15 de setembro de 2010, de Rajalingam Dakshinamurthy (EUA) e Shivendra Sahi (EUA), da Western Kentucky University Research Foundation. A patente consiste numa técnica de uma única etapa para produzir nanopartículas de ouro solúveis em água, altamente estáveis, monodispersas e catalíticas, utilizando como agente redutor e de cobertura a dextrose na presença de *Escherichia coli* DH5. As nanopartículas de ouro obtidas por este método podem ser diretamente utilizadas na eletroquímica da hemoglobina [96]. Na patente US8455226 B2 de 2013, as nanopartículas coloidais são obtidas em membranas de bactérias *Lactobacillus*. As nanopartículas de ouro obtidas apresentam uma atividade anti microbiana melhorada e podem ser utilizadas como produtos desinfectantes [97].

2.8. Síntese de nanopartículas de ouro a partir de extractos e partes de plantas

No domínio da síntese ecológica de nanopartículas de ouro, os extractos ou partes de plantas têm sido utilizados como redutores e agentes de cobertura.

A Alfafa (*Medicago sativa*) com o nome comum de Lucerna, pertence à família das ervilhas e é uma planta perene utilizada como forragem para animais ou como suplemento alimentar como fornecedora de vitaminas A, C, E em humanos. Em 2001, Canizal *et al.* utilizaram pela primeira vez esta planta como biomassa para sintetizar GNRs gémeos com estrutura decaédrica usando um método de biorredução [98].

Num estudo efectuado por Satish K. Nune, 2009, foram obtidas GNPs fortes e robustas, biocompatíveis, mediadas pelo chá, a partir de fitoquímicos existentes nas folhas de chá preto. Os materiais e métodos utilizados para a preparação e caraterização dos GNPs obtidos são descritos pelos autores na ref. [67]. [67]. O processo de síntese foi seguido de estudos de internalização celular e citotoxicidade. O método descrito consiste na interação direta entre as folhas de chá preto e o NaAuCl$_4$ (tetracloroaurato de sódio) em meio aquoso e na ausência de quaisquer outros produtos químicos fabricados pelo homem.

Os fitoquímicos presentes nas folhas de chá actuam como agentes redutores, reduzindo os sais de ouro do $NaAuCl_4$ a ouro e, ao mesmo tempo, cobrem a superfície das GNP, protegendo-as de quaisquer fenómenos posteriores indesejados, como a aglomeração.

Para uma maior estabilização, foi utilizada goma arábica natural e não tóxica para cobrir a necessidade de estabilizador para a sua estabilidade *in vivo*.

Desta forma, sintetizaram GNPs com tamanhos de 15-42 nm, como demonstrado pela análise TEM *in vitro*, e uma banda de ressonância plasmónica medida por espetroscopia de absorção UV-Vis, a cerca de 535 nm.

A absorção celular e a internalização das GNPs ocorreram por mecanismo de endocitose. A viabilidade das células PC-3 e MCF-7 após o processo de internalização das GNPs mostrou que estas partículas mediadas pelo chá não são tóxicas.

Em 2013, Flavio C. Cabrera *et al.* relataram a síntese de GNPs com "membranas de borracha natural auto-sustentadas". Inspirados em pesquisas anteriores, eles coletaram para este experimento látex de árvores *Hevea brasiliensis* (clone RRIM 600) e o utilizaram para criar membranas compostas de borracha natural (NR) com GNPs. As mambranas de borracha natural com GNPs são membranas flexíveis já conhecidas por suas propriedades medicinais, sendo utilizadas *in vitro* como inibidoras do crescimento de promastigotas de *Leishmania brasiliensis* [99]. Os materiais, os constituintes do látex e a caraterização analítica das GNPs obtidas são apresentados no artigo [99].

Obtiveram GNPs com um pico de absorção próximo de 560 nm, como demonstrado pela absorção plasmónica UV-Vis, Figura 14 [99]. O processo de síntese foi conduzido a diferentes temperaturas (65, 80 e 120° C) e intervalos de tempo de 6, 9, 15, 30, 60, 120 min.

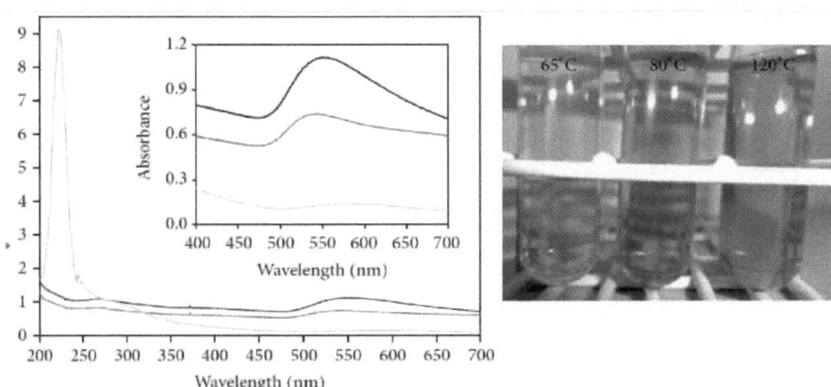

Figura 14. Análise espectroscópica UV-Vis das soluções utilizadas na síntese de nanopartículas de ouro durante 120 min de tempo de redução com borracha natural preparada a 65, 80 e 120° C [99]. Reimpresso de uma fonte de acesso livre.

Figura 15. Análise microscópica SEM da solução utilizada na síntese de nanopartículas de ouro durante 120 minutos de redução utilizando borracha natural (agente redutor) recozida a (a) 65° C, (b) 80° C e (c) 120° C. A solução é centrifugada para concentrar a quantidade de nanopartículas antes da análise SEM [99]. Reproduzido de uma fonte de acesso livre.

Os autores demonstraram que o tamanho e a forma das GNP dependem do tempo de imersão e da temperatura. Muito mais, o tempo de reação também controla o revestimento da superfície. A 65° C, as partículas são circulares e pequenas. Com o aumento do tempo e da temperatura, as partículas tornam-se maiores. Também se observa um aumento da sua quantidade. De acordo com os seus resultados, a temperatura óptima de reação para uma distribuição homogénea de tamanhos deve ser de 80 a 120° C, Figura 15 [99].

Paz Elia *et al.* realizaram um estudo completo sobre a síntese de nanopartículas de ouro utilizando como agentes redutores extractos de plantas,

2014 [100]. Os extractos foram obtidos a partir de folhas de *Salvia officinalis* (SO-Common sage), *Lippia citriodora* (LC-Lemon verbena), *Pelargornium graveolens* e frutos de (PeG-Rose geranium), *Punica granatum* (PuGPomegranate).

Obtiveram nanopartículas de ouro estáveis e biocompatíveis, de pequenas dimensões e com uma grande variedade de formas. Os resultados dos espectros obtidos após a espetroscopia UV-vis de todas as soluções coloidais revelaram a presença de nanopartículas de ouro com picos de absorção a cerca de 535 ± 8 nm, exceto o pico de absorção de PuG a 568 535 ± 12 nm devido aos seus valores mais elevados de distribuição de tamanho [100].

A distribuição do tamanho e as medições do tamanho das partículas efectuadas pelos métodos DLS e NTA demonstraram a presença nas soluções coloidais de SO, LC e PeG de pequenas partículas de 1-8 nm e para PuG de 30-70 nm. Todas as partículas apresentaram uma distribuição bimodal. Os diâmetros e outras caraterísticas geométricas das GNPs obtidas são apresentados pelos autores na sua investigação [100]. A técnica SEM permite a recolha de amostras de partículas sem qualquer outro material orgânico que possa ocorrer no processo.

As formas geométricas são abundantes e estão correlacionadas com o tamanho da partícula. Estas formas variam de esféricas e triangulares para as pequenas partículas de ouro de 10 nm, a triângulos, triângulos truncados, pentágonos e hexágonos para as partículas maiores. Os potenciais zeta medidos a 25º C após quatro semanas mostraram que as nanopartículas de ouro eram estáveis e não se agregavam. Além disso, demonstram uma compatibilidade muito boa com as células L.

Para mais informações sobre os materiais, os métodos, os resultados e as imagens TEM das formas destas nanopartículas, pode ser consultado o artigo de Paz Elia *et al.*, referência [100].

2.9. Síntese de nanopartículas de ouro por outros métodos naturais

Radloff *et al.* (2005) referiram a utilização de um andaime de vírus iridescente Chilo para reunir nano-cascas de ouro. O método pode facilitar a síntese de nanopartículas de ouro com núcleo e diâmetros mais pequenos e uma distribuição de tamanhos mais estreita do que a do núcleo de sílica [101].

O crescimento de nanoesferas de ouro em células humanas também foi registado por Anshup *et al* 2005 [102]. As culturas de células utilizadas foram SKNSH (neuroblastoma humano), HeLa (cancro do colo do útero humano), HEK-293 (rim embrionário humano) e SiHa (cancro do colo do útero humano) e foram incubadas com solução de tetracloroaurato, a pH 7,4. O crescimento de nanopartículas de ouro com tamanhos de 20-100 nm foi observado após 96 horas no espaço entre o núcleo e o citoplasma.

A síntese de GNPs em vesículas uni ou multilamelares foi desenvolvida por muitos autores. Chow *et al.* relataram a síntese de lipossomas na presença de um redutor de uma quantidade significativa de nanopartículas de ouro, mas não homogéneas em forma e tamanho [103]. Regev *et al.*, em 2004, relataram a síntese espontânea e in situ de GNPs no interior de vesículas multilamelares do tipo cebola, sem qualquer redutor químico adicional, uma vez que o componente da vesícula, a monooleína, pode atuar como tal. Embora se obtenham GNP isoladas por este método, estas são polidispersas tanto em tamanho como em forma, variando entre 8 e 105 nm, e formando cristais triangulares planos epitaxados com cantos truncados ou partículas semelhantes a esferas ou mesmo alongadas [104].

As GNP esféricas foram geradas pela primeira vez nas bicamadas lipídicas de eto-somas, vesículas compostas por fosfolípidos, etanol e água, Patricia de la Presa *et al.* 2009. Estas cápsulas são vesículas macias e maleáveis, capazes de gerar GNPs biocompatíveis e de encapsular e entregar através da pele moléculas altamente lipofílicas como
bem como fármacos catiónicos ou hidrofílicos, ou para servirem como agentes multimodais de diagnóstico e terapêuticos [20].

O encapsulamento de alta eficiência de nanopartículas de ouro é conseguido através de uma estratégia simples: a síntese das nanopartículas ocorre simultaneamente com a formação dos ecosomas na ausência de quaisquer agentes redutores indesejáveis. Uma reconstrução tridimensional de um etossoma incorporado em ouro, gerada por tomografia de crioelectrões, revela que a partícula de ouro está localizada no interior da bicamada lipídica, deixando a superfície e o núcleo do etossoma livres para posterior funcionalização. As GNPs resultantes são homogéneas em tamanho e forma e, dependendo da temperatura de síntese, o tamanho varia entre 10 e 20 nm, como revelado por TEM. As GNPs encapsuladas em etosoma oferecem uma plataforma versátil para a melhoria da eficiência farmacológica em sistemas de administração transdérmica e dérmica [20].

Todos estes exemplos acima referidos representam apenas algumas das centenas de relatórios de estudos relativos à síntese verde de GNPs que foram efectuados até hoje. No entanto, a toxicidade das nanopartículas de ouro não pode ser ignorada para as suas aplicações *in vivo*. Por conseguinte, é necessário investigar sistematicamente a sua toxicidade para garantir a sua segurança para futuras aplicações em seres humanos.

3. Propriedades das nanopartículas de ouro

3.1. Sobre o ouro metálico

O ouro é um elemento químico de símbolo Au (*aurum*) e número atómico 79. É um metal amarelo brilhante, denso, macio, maleável e dúctil, com um ponto de fusão de 1064 °C e um ponto de ebulição de 2807 °C. Os estados de oxidação comuns do ouro incluem^{+1} (ouro(I) ou compostos auríferos) e^{+3} (ouro(III) ou compostos auríferos). Devido às suas excelentes propriedades condutoras e à sua incapacidade de reagir com a água ou o oxigénio, este metal tornou-se muito útil para a humanidade ao longo do tempo.

Antes do termo "coloide", o ouro era referido com diferentes nomes, como ouro "solúvel" ou ouro "bebível", e surgiu por volta do século V ou IV a.C. no Egito e na China. O ouro coloidal fascinou as pessoas durante muitos séculos, com a sua bela cor vermelho-rubi, sendo amplamente utilizado para fins cosméticos, decorativos e medicinais [21]. Na Idade Média, o "Aurum potabile" ou "ouro potável" era utilizado para curar doenças como a artrite, problemas cardíacos, doenças venéreas, disenteria, epilepsia e tumores. Era também utilizado para o diagnóstico da sífilis, método que se manteve em uso até ao século XX [8, 21]. O ouro coloidal foi utilizado para fabricar vidro rubi e para colorir cerâmica, métodos que ainda se encontram em uso. Os exemplos mais famosos da utilização do ouro coloidal no vidro rubi são a Taça de Licurgo, fabricada entre os séculos V e IV a.C. e a "Púrpura de Cássio". A Taça de Licurgo aparece vermelha rubi na luz transmitida e torna-se verde na luz reflectida, devido à presença de colóides de ouro [21]. A "Púrpura de Cássio" é um precipitado de ouro púrpura utilizado para colorir o vidro. Pode ser preparado dissolvendo ouro em água régia e depois a sua precipitação como ouro metálico por uma mistura de cloretos estânicos e estanoso [105].

O ouro metálico a granel é bem conhecido pela sua elevada condutividade térmica e eléctrica, propriedades mecânicas específicas e elevada refletividade da radiação incidente, propriedades que são causadas pela sua estrutura cristalina e pela presença de electrões deslocalizados - existência de gás de electrões.

Ao alterar o tamanho das partículas ou a morfologia do material, mantendo a sua composição química, podemos obter estruturas com propriedades dramaticamente diferentes. Se ocorrer a diminuição da espessura dos filmes metálicos, novas propriedades do material, como as propriedades ópticas, podem ser observadas. Assim, na aparência de um material com a mesma composição, mas com uma nanoestrutura diferente, pode observar-se uma grande mudança. O ouro a granel é conhecido como um metal nobre amarelo e brilhante que não mancha. As películas finas e lisas de ouro parecem opacas, enquanto o ouro nanoestruturado aparece com uma cor que muda de azul para vermelho ou mesmo verde, dependendo do tamanho da estrutura.

As nanopartículas de ouro não são tóxicas na natureza e são definidas como soluções coloidais estáveis de aglomerados de átomos de ouro com tamanhos que variam entre 1-100 nm [21].

3.2. Forma das nanopartículas de ouro

Uma vasta gama de GNP, como o ouro coloidal (CG), os nanobastões (GNR), as nanocápsulas, as nano-cascas e as nanopartículas de dispersão Raman melhorada pela superfície (SERS), tem sido bem investigada ao longo do tempo e encontrou vastas aplicações em nanomedicina [2].

A morfologia e a composição química das GNP dependem dos diferentes métodos de preparação. A sua superfície pode também ser revestida com diferentes agentes, dependendo da forma como serão utilizadas em aplicações futuras [13, 14, 21, 24]. O modo de preparação e os agentes de revestimento são factores que afectam as caraterísticas físico-químicas das GNP, que são muito diferentes quando comparadas com o ouro a granel, por exemplo, quando o ouro a granel é convertido em nanopartículas de ouro, a cor muda de amarelo para vermelho rubi [21]. As interações entre as células ou os tecidos e as GNP também são afectadas [2, 14, 21]. A concentração de partículas do nanomaterial de ouro e o tempo de incubação são parâmetros muito importantes no processo de incorporação de GNP nas células.

Por estas e outras razões, que serão apresentadas mais adiante neste documento, as GNP são as nanopartículas mais estudadas, proporcionando muitos métodos eficazes para aplicações práticas em nanomedicina. Podem ser utilizadas em diagnósticos, imagiologia médica, sistemas de administração controlada de medicamentos, diagnóstico e terapia do cancro, para uma melhor compreensão de muitos mecanismos de cura e terapias.

Devido às suas caraterísticas físico-químicas, os GNP podem atravessar o sangue e os vasos linfáticos vasculares ou as sinapses das células nervosas. Além disso, podem permear as membranas celulares e acumular-se seletivamente em células com diferentes estruturas e funções celulares ao mesmo tempo [14]. Pelas razões acima mencionadas, não podemos nem devemos considerar a priori que as nanopartículas de ouro são completamente biocompatíveis.

3.3. Propriedades ópticas e fototérmicas

As propriedades ópticas e fototérmicas das nanopartículas de ouro dependem fundamentalmente do seu tamanho, forma e condições de superfície [16, 17]. O exemplo mais óbvio é a mudança de cor de amarelo para vermelho rubi quando o ouro a granel é convertido em nanopartículas de ouro [21], Figura 16 [106]. O efeito baseia-se na ressonância plasmónica dos electrões livres na nanopartícula metálica e pode ser compreendido através do estudo da polarizabilidade [17]. Este efeito refere-se à facilidade com que as cargas, tais como os electrões de condução na superfície das nanopartículas metálicas, sofrem distribuição de carga e formam dipolos parciais.

Em seguida, serão descritas sucintamente as propriedades ópticas e fototérmicas correspondentes das GNP dos tipos coloidal, nanobastão e nano-casca, correlacionadas com a distância entre partículas e o tamanho das partículas.

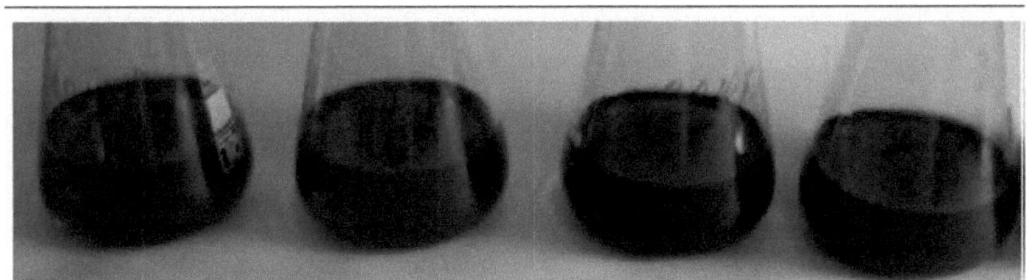

Figura 16. Vista geral das AuNPs de tamanhos discretos: 10, 20, 30 e 45 nm [106].
Reproduzido de uma fonte de acesso livre.

Geralmente, o ouro coloidal (GNPs, nanoesferas de ouro) exibe um pico de absorção único entre 510 nm e 550 nm na gama do visível [1, 8, 13, 15, 17, 107]. O pico de absorção depende, em primeiro lugar, do tamanho e da morfologia das partículas e, em segundo lugar, da distância entre a partícula e o meio dielétrico [8, 13, 15, 17]. Ao aumentar o tamanho das partículas, o pico de absorção pode mudar ligeiramente para um comprimento de onda mais longo. A gama de distribuição de tamanhos está correlacionada com a largura do espetro de absorção [1]. Além disso, o aumento do tamanho das nanoesferas pode provocar um desvio para o vermelho, que aparece quando a luz ou outra radiação electromagnética de um objeto é aumentada em comprimento de onda, ou deslocada para a extremidade vermelha do espetro. Por exemplo, as GNP coloidais de 10 nm, em água, apresentam uma absorção máxima de cerca de 520 nm, em resultado da sua ressonância plasmónica de superfície localizada (LSPR). Para as nanoesferas de ouro de 40 nm, a absorção é de 530 nm [107], o que prova que a capacidade de afinação do tamanho da LSPR das nanoesferas é efetivamente limitada. A este respeito, a norma de ouro em muitas aplicações biológicas quando são utilizadas nanoesferas coloidais, especialmente *em* investigações *in vivo*, é trabalhar na região do infravermelho próximo (NIR) do espetro, especialmente a 650-900 nm, devido à elevada transmissão (baixa absorção) de tecidos, sangue e água nesta gama [107]. Caso contrário, a sintonização da LSPR pode ser conseguida com um laser adequado.

Os nanobastões de ouro (GNR) são nanopartículas plasmónicas em forma de bastão. Devido à sua anisotropia [17], apresentam várias propriedades ópticas notáveis, tais como uma forte banda de absorção plasmónica, sintonizável do visível ao infravermelho próximo, uma secção transversal de dispersão melhorada (105-106 vezes mais forte do que a emissão de uma molécula fluorescente orgânica) e fotoestabilidade a longo prazo [17]. Os nanobastões de ouro têm duas bandas SPR, uma banda longitudinal de comprimento de onda a 550-600nm (correspondente ao eixo longo) [15, 17, 21] e uma banda transversal de comprimento de onda a 520nm (correspondente ao eixo curto) [17, 21] Figura 17 [8]. Enquanto a banda transversal é insensível à relação de aspeto (comprimento/largura) dos GNRs [17] e ocorre no intervalo do espetro de 520 nm, a banda longitudinal é deslocada para o vermelho [15]. Quando o rácio de aspeto dos nanobastões aumenta, a posição do comprimento de onda da LSPR de eixo longo desloca-se do visível para o NIR e também aumenta progressivamente a intensidade do oscilador. A extensão do desvio para o vermelho depende do rácio de aspeto do nanobastão; quanto maior for o rácio de aspeto, maior será o desvio, Figura 17 [8].

Assim, ao adaptar (alterar) o rácio de aspeto dos nanobastões de ouro, a região de absorção muda do visível para o infravermelho próximo (NIR) [17, 21]. A Figura 17b [8] mostra a roda de cores que representa os GNRs rotulados a-e, TR (ressonância transversal).

As nano-cascas de ouro apresentam propriedades físicas semelhantes às do ouro coloidal e a sua superfície é praticamente idêntica, do ponto de vista químico, à do ouro coloidal, o que torna possível a sua utilização em aplicações de bioconjugados. Além disso, as nano-cascas de ouro são nanopartículas dieléctricas metálicas com núcleo em forma de concha [108], estrutura que lhes confere picos de SPR desde a região visível do espetro até à região NIR. A sua capacidade de sintonização da SPR depende fortemente da sua composição, forma e dimensões das camadas. Esta é uma propriedade única entre os materiais de nano-cascas metálicas.

A geometria da nanoestrutura desempenha um papel importante no aumento da sensibilidade plasmónica das nano-cascas de ouro. Assim, reduzindo a espessura da nanoesfera em relação ao raio do núcleo, o aumento do núcleo de sílica das nanoesferas de ouro pode ser considerado exponencialmente [1, 107].

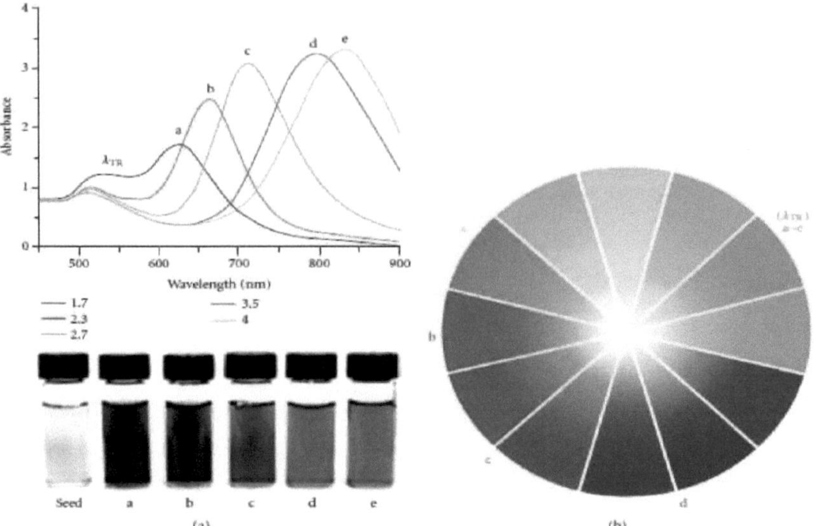

Figura 17. Propriedades ópticas sintonizáveis dos nanobastões de ouro (AuNRs) com absorções na região dos comprimentos de onda do visível e do infravermelho próximo. (a) Espectros de absorção ótica de AuNRs com diferentes rácios de aspeto e composição (a-e). (b) Roda de cores representando os AuNRs marcados a-e, TR (ressonância transversal) [8]. Reproduzido de uma fonte de acesso livre.

Quando as conchas são mais finas, o acoplamento plasmónico torna-se mais forte e a sensibilidade da junção é maior. Outra observação refere-se a nano-cascas ocas de ouro que apresentam um aumento ainda maior da sua sensibilidade, seis vezes superior à de uma nanoesfera [107].

Como Tim A. Erickson *et al.* [48] especificaram na sua investigação, a teoria de Mie pode ser aplicada para descrever o comportamento ótico das nano-cascas de ouro. Os mapas espaciais, como os da modelação de Monte Carlo (MC) Figura 18 [48], são úteis porque podem ajudar a investigar e avaliar o efeito na reflectância dos fotões da concentração de nano-conchas de ouro no tecido ou na célula.

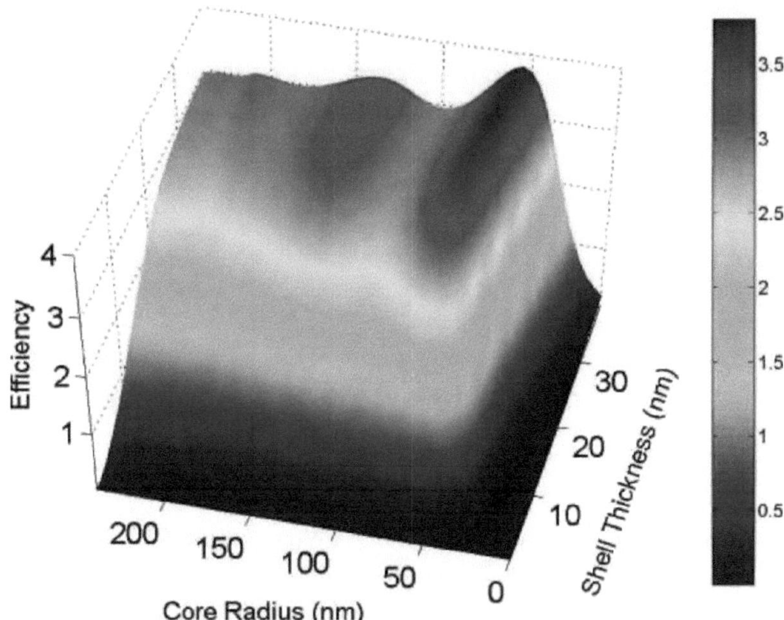

Figura 18. Eficiência de dispersão computorizada para nano-cascas em função do raio do núcleo e da espessura da casca a 830 nm, um comprimento de onda normalmente utilizado em aplicações de imagiologia OCT [109]. Reproduzido de uma fonte de acesso livre.

Este modelo é uma ferramenta computacional que simula a passagem de fotões em meios turvos e ajuda a pré-selecionar nano-cascas com tamanho, concentração e parâmetros ópticos óptimos, tais como a fração de fotões remetidos e absorvidos. Estas propriedades são necessárias para fabricar as nano-cascas de ouro adequadas para a deteção ótica específica, preservando, ao mesmo tempo, os processos vitais dos tecidos ou células.

Para mais informações neste domínio, nos artigos referidos para este trabalho, são dadas explicações muito precisas da "teoria de Mie para cascas esféricas concêntricas", por Alex W. H. Lin *et al.* [108], Paerhatijiang Tuersun [110], R. D. Averitt *et al.* [52] ou Ken-Tye Yong [47]. A título indicativo, as representações dos gráficos de extinção de Mie medidos para o núcleo de sílica com um raio de 50 nm e as propriedades ópticas de diferentes nano-cascas com um comprimento de onda de excitação de 830 nm são apresentadas na referência [108]. Wang *et al.* [111] e muitos outros [112, 113] também apresentam informações sobre "MCML-Monte

Carlo Modeling of light transport in multilayered tissues". No entanto, os mapas de modelização de Monte Carlo são utilizados em muitas aplicações em que as nano-cascas de ouro e outros tipos de nanopartículas de ouro (ou seja, nanobastões de ouro) são utilizados para a imagiologia ótica. Após vinte anos, de 1995 a 2015, o modelo MC continua a ser o modelo padrão. Atualmente, com base neste método de 1995, existem novas plataformas modernas utilizadas para simular a propagação da luz em meios turvos, como o MOSE, "Molecular Optical Simulation Environment" descrito por Shenghan Ren *et al.* em 2013 [114].

3.4. Propriedades das nanopartículas de ouro e suas aplicações diretas

As GNP apresentam propriedades como uma excelente estabilidade e biocompatibilidade [6, 10, 41, 72], o que as torna adequadas para potenciais aplicações em nanomedicina, com um interesse crescente na utilização de GNP como marcadores ópticos para células vivas, sensores colorimétricos, agentes de contraste para imagens de tomografia de coerência ótica e veículos para a administração de medicamentos e genes.

Dependendo do método de preparação, o invólucro das GNP pode apresentar muitos grupos funcionais que oferecem terreno para modificações estruturais e químicas adequadas, resultando em nanopartículas multifuncionais com excelentes propriedades para imagiologia molecular multimodal [2]. A multifuncionalidade, juntamente com outras propriedades, como a elevada fotoestabilidade, a excitação de comprimento de onda único e as propriedades de dispersão da emissão ajustáveis em termos de tamanho [115], tornam-nas muito adequadas para sondas de imagiologia utilizadas na deteção do cancro e de outras patologias. Por exemplo, as nanopartículas de ouro já são as matérias-primas perfeitas para testes rápidos de deteção do VIH e do cancro [8].

Devido aos seus electrões livres [8, 21] e às suas propriedades de absorção e dispersão melhoradas, as GNP actuam como excelentes sensores e novos agentes de contraste para a deteção ótica [13, 21, 115] com maior sensibilidade nos métodos de deteção ótica do que os corantes convencionais. Com base em comparações do contraste produzido pelas variações das densidades de electrões em diferentes tecidos [21], as GNP são utilizadas como agentes de contraste na tomografia computorizada de raios X (TC) e na tomografia fotoacústica para o diagnóstico precoce de tumores específicos [21]. Por exemplo, as GNP têm sido utilizadas para a imagiologia (diagnóstico) de células cancerosas utilizando microscopia confocal e microscopia simples de campo escuro ou outros sistemas de deteção ótica. O grande aumento do campo eletromagnético na superfície das GNP por interação com a radiação electromagnética oferece outras propriedades ópticas interessantes com grande potencial para ensaios de biodiagnóstico. Por exemplo, as GNP foram utilizadas para a deteção de uma única molécula por espetroscopia Raman com reforço da superfície (SERS) [13, 21, 115].

As GNP podem produzir uma intensidade de emissão seis ordens de grandeza superior à dos corantes convencionais, pelo que podem ser utilizadas como fluoróforos e para desenvolver imunoensaios para detetar agentes patogénicos e sequências de ADN [115].

Os compósitos de nanogold com absorção específica no infravermelho próximo são utilizados em aplicações de terapia fototérmica [116]. Foi demonstrado que a utilização das propriedades de absorção das nanoesferas de ouro conjugadas com anticorpos e das nanoesferas de ouro sólido permite matar seletivamente as células cancerosas, deixando as células saudáveis inalteradas [21]. O coeficiente mínimo de absorção de biomoléculas como os lípidos, a água ou a hemoglobina no NIR situa-se no comprimento de onda de 650-900 nm [2]. Por outro lado, para o tratamento fototérmico *in vivo*, uma penetração óptima do tecido por uma irradiação laser é superior a 10 cm de profundidade, dependendo do tipo de tecido. Por estas razões, a banda de absorção das GNP deve ser ajustada. Ajustando a relação entre a espessura da casca de ouro e o diâmetro do núcleo de sílica, com cerca de 120 nm de diâmetro, as nano-cascas de ouro permitem a terapia fototérmica nesta região [21].

Os nanomateriais de ouro aumentam a sensibilidade dos testes, dando a possibilidade de identificar a presença de uma enzima e de quantificar a sua atividade. Assim, as nanopartículas de ouro coloidal (nanoesferas de ouro) podem ser facilmente contadas [117] e o sinal citoquímico pode ser avaliado quantitativamente. Devido a esta propriedade, as GNP coloidais podem ser utilizadas como marcadores [21]. As GNP apresentam uma atividade catalítica que tem sido utilizada no desenvolvimento de métodos de deteção altamente sensíveis e específicos, como a deteção eletroquímica, cujos sinais podem ser reforçados pela deposição de metais ou por ensaios enzimáticos [13].

As GNP podem entrar facilmente nas células. Embora os mecanismos envolvidos não sejam bem compreendidos [21], supõe-se que o mecanismo possa ser induzido pela presença, na banda de condução, de seis electrões livres que possibilitam a sua ligação a aminas, fosfinas ou tióis [9]. Devido a esta propriedade, as GNP podem ser facilmente funcionalizadas com proteínas como os anticorpos [21] ou várias biomoléculas ricas em aminoácidos [22]. A nível celular, a endocitose favorece o influxo de nanopartículas. Uma vez inseridas, as partículas difundem-se através da bicamada lipídica da membrana celular.

A internalização e a funcionalização das GNPs tornam-nas muito valiosas em aplicações como a administração de medicamentos, biossensores e imunossensores. As GNP funcionalizadas, especialmente com grupos amino, são ferramentas importantes. Neste domínio, alguns dos resultados mais recentes podem ser enumerados mais adiante. As nanopartículas conjugadas com anticorpos contra receptores de superfície de células cancerosas restritas foram utilizadas para se ligarem especificamente a células cancerosas e para monitorizar o processo de entrada nas células [21]. Um desafio significativo continua a ser a orientação específica para o núcleo. Os péptidos, que consistem em cadeias curtas de dois ou mais monómeros de aminoácidos, são considerados até agora excelentes modificadores químicos devido à sua elevada ligação morfológica específica. As nanopartículas de ouro de 20 nm foram conjugadas com vários péptidos para orientação celular, a fim de obter nanopartículas funcionais que penetrem na membrana biológica e se orientem para o núcleo [21]. As proteínas, que são cadeias de polipéptidos numa fila biologicamente funcional, são também de grande importância neste domínio. Na sua revisão de 2010, Joseph M. DeSimone refere um estudo em que nanopartículas de ouro de 39 nm, revestidas com nucleoplasmina, foram eficazmente direcionadas para o núcleo. Além disso, as GNP funcionalizadas com proteínas têm sido utilizadas para controlar a seletividade entre solutos na eletroforese capilar como plataformas de grande área de superfície para grupos organo-funcionais que interagem com a superfície capilar [21].

Uma vez que o processo de integração celular específica das GNP possa ser controlado, estas podem ser utilizadas com êxito para a ligação, estabilização e administração direcionada de medicamentos, ADN terapêutico, ARN [118] e outras macromoléculas de interesse biológico [22, 118].

Os tióis têm uma afinidade muito forte pelo ouro, formando ligações Au-S estáveis [67, 119], pelo que as GNP podem ser funcionalizadas com biomoléculas tioladas, tais como aminotióis, péptidos ou proteínas. Esta propriedade está na base da utilização de GNPs como biossensores, que no processo de identificação das biomoléculas complementares, altera a absorção ótica das GNPs o que permite a deteção qualitativa e quantitativa [120]. Por exemplo, as GNP funcionalizadas com aptâmero ligam-se especificamente à trombina, causando a agregação das GNP e a deslocação para o vermelho do pico plasmónico.

Em conclusão, todas estas propriedades das GNP e a sua síntese simples tornam-nas adequadas para aplicações biomédicas. Na Figura 19 são apresentadas as propriedades únicas das GNP, bem como as suas aplicações no diagnóstico clínico e em diferentes estudos biológicos [8].

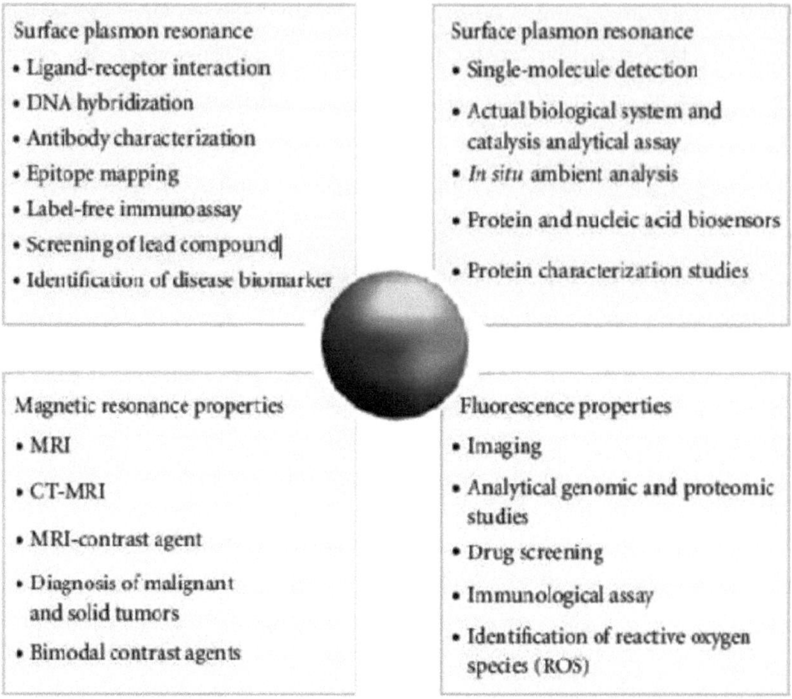

Figura 19. Propriedades únicas das GNP e suas aplicações no diagnóstico clínico e em diferentes estudos biológicos [8]. Reproduzido de uma fonte de acesso livre.

4. Funcionalização, bioconjugação e estabilização de nanopartículas de ouro

4.1. Funcionalização de nanopartículas de ouro

Para melhorar a utilização das nanoestruturas de ouro para fins de diagnóstico, é necessário funcionalizar as suas superfícies utilizando vários grupos químicos funcionais ou biomoléculas, como anticorpos, péptidos e ácidos nucleicos [117, 118, 121]. A funcionalização (modificação) é o processo de imobilização destes grupos químicos ou moléculas biológicas na superfície de uma nanoestrutura, acoplando essencialmente o input da biologia molecular à capacidade das nanoestruturas para produzir sinais [117]. A funcionalização das nanopartículas é necessária para a sua estabilidade, funcionalidade e biocompatibilidade, a fim de as direcionar para áreas específicas de doenças e permitir-lhes interagir seletivamente com células ou moléculas biológicas [118].

4.2. Funcionalização com grupos funcionais químicos

Normalmente, as nanoesferas de ouro podem ser funcionalizadas com diversos grupos funcionais a partir de um ligando com longas cadeias de hidrocarbonetos [15, 118, 121]. Para nanopartículas solúveis em água, os grupos funcionais derivados de ácidos carboxílicos têm a capacidade de estabilizar as partículas por repulsões electrostáticas. Estes grupos funcionais servem para a posterior conjugação das partículas com outras moléculas, em que uma extremidade destas moléculas aponta para a solução e a outra é adsorvida na superfície das nanopartículas de ouro.

Enquanto o tamanho e o controlo da forma do núcleo das nanopartículas determinam as propriedades ópticas, electrónicas e magnéticas, os ligandos de cobertura determinam a biocompatibilidade, a solubilidade em vários solventes e as funcionalidades desejadas [121].

Para a funcionalização das nanopartículas de ouro, o solvente e o tamanho das partículas são factores importantes na determinação do ligando. Por sua vez, o ligando é especialmente importante porque serve para fixar biomoléculas específicas [118].

O polietilenoglicol (PEG) é um dos ligandos mais estudados e utilizados em nanotecnologia. As nanopartículas de ouro revestidas com PEG são invulgarmente robustas. Na presença de proteínas ou em condições extremas de pH ou de força iónica, resistem à agregação. Este facto é atribuído às escovas de PEG na superfície das partículas, que assim se repelem umas às outras por razões estéricas [118].

O poli(ácido lático-co-glicólico) é outro polímero utilizado para funcionalizar nanopartículas de ouro. O polímero PLGA foi aprovado pela Agência Europeia de Medicamentos e pela FDA como um composto importante nos sistemas de administração de fármacos devido à sua biocompatibilidade, biodegradabilidade e administração direcionada de moléculas hidrofílicas ou hidrofóbicas a células ou tecidos[122, 123].

As alterações nos tensioactivos, de hidrofílicos para hidrofóbicos, ou na fase da solução, de orgânica para aquosa, requerem a alteração do ligando, para que seja possível um maior ajuste das propriedades da superfície das nanopartículas [118]. No entanto, os ligandos podem também conferir atributos negativos, como a agregação indesejada de nanopartículas e a toxicidade inerente [121].

O tensioativo CTAB é muito importante no processo de preparação dos nanobastões de ouro mediado por sementes, uma vez que é necessário estabilizar a solução de crescimento e evitar a aglomeração dos nanobastões de ouro. Por outro lado, como já foi referido, o próprio CTAB e os nanobastões de ouro revestidos com CTAB apresentam toxicidade para a maioria das células, pelo que o CTAB deve ser substituído por tensioactivos biocompatíveis, tornando os nanobastões adequados para várias aplicações biomédicas [124-126].

Os métodos químicos utilizados para a modificação da superfície dos GNRs são os seguintes

1) Camada por camada (LBL)

Através deste método, a superfície dos GNRs revestidos com CTAB pode ser ainda mais modificada utilizando adsorção eletrostática, na qual polímeros com diferentes cargas podem ser sequencialmente depositados na superfície das nanopartículas.I Desta forma, Takahashi *et al.* em 2008 funcionalizaram a superfície de nanobastões de ouro com BSA (albumina de soro bovino) e PEI (polietilenoimina), obtendo nanobastões com muito baixa toxicidade e elevada estabilidade [127].

2) Revestimento da superfície

Neste método, os nanobastões de ouro são ainda revestidos com um surfactante polimérico ou um invólucro inorgânico. Um material biocompatível e estável, adequado para o revestimento de nanobastões de ouro, é a sílica, uma vez que pode ser facilmente conjugada e funcionalizada com biomoléculas [128].

Kim *et al.* em 2012, utilizando as propriedades de auto-montagem que o copolímero em bloco apresenta prepararam nanobastões de ouro encapsulados em micelas de copolímero em bloco formadas por poli(óxido de etileno)-poli(n-butil acrilato). Estes nanobastões de ouro são muito estáveis, resistindo à aglomeração durante muito tempo em condições fisiológicas de sal [125].

Choi W. *et al.* prepararam, em 2011, nanocarreadores funcionais utilizando nanobastões de ouro encerrados em Pluronic F 68 com conjugação de quitosano, que formam um armazenamento macio e flexível com baixa toxicidade[126].

4.3. Funcionalização com moléculas biológicas. Bioconjugação

As moléculas biológicas podem ser exploradas para a funcionalização de nanopartículas de ouro. A estabilidade das nanopartículas de ouro e das moléculas biológicas é muito importante no processo de funcionalização. No processo, é necessário que as nanopartículas de ouro mantenham as suas propriedades ópticas, como a dispersão da luz e as bandas de absorção plasmónica, que são muito importantes para muitas aplicações, enquanto as biomoléculas devem manter o seu biorreconhecimento [118]. Por esta razão, é necessária a caraterização dos conjugados sintetizados, juntamente com métodos para excluir os efeitos de agregação durante o processo de conjugação [118].

As moléculas biológicas podem ser ligadas às nanopartículas de ouro de diferentes formas, tais como as interações hidrofóbicas e electrostáticas entre as moléculas biológicas e as nanopartículas de ouro. Através da adsorção passiva, os bioconjugados resultantes são estáveis e apresentam novas propriedades funcionais que os tornam adequados para muitas aplicações, como a administração de medicamentos e a biossensorização. Assim, através da ligação iónica, as nanopartículas de ouro carregadas positivamente podem ligar-se a componentes nucleofílicos e carregados negativamente, como os grupos carboxilato. Neste caso, os grupos funcionais da própria biomolécula desempenham um papel muito importante. Por exemplo, proteínas, tióis, oligonucleótidos e outras biomoléculas ricas em grupos funcionais que se ligam diretamente à superfície das nanopartículas de ouro podem tomar o lugar do estabilizador inicial, dando uma estrutura mais semelhante à estrutura nativa das nanopartículas de ouro [1, 121]. Em 2014, Piao *et al.* para ultrapassar a limitação temporal da circulação sanguínea das nanocápsulas de ouro, cobriram-nas com membranas de glóbulos vermelhos (RBC). Este revestimento natural confere às nanocápsulas de ouro estabilidade coloidal e biocompatibilidade, melhorando o seu tempo de vida, pelo que podem ser utilizadas como agentes de imagiologia em terapia fototérmica [129].

Outra forma de funcionalizar as nanopartículas de ouro é através da ligação covalente de grupos amino, utilizando a reação mediada por EDC. As biomoléculas utilizadas apresentam grupos carboxilo e a ligação tem lugar nas extremidades livres do estabilizador [118].

As nanopartículas de ouro híbridas são produzidas pela interação de GNPs nascentes altamente reactivas com funcionalidades químicas presentes em moléculas específicas de interesse biológico (incluindo péptidos e proteínas) [21].

Para a bioconjugação dos GNR, foram desenvolvidos quatro métodos [17], nomeadamente

(a) Troca direta de ligandos.

Trata-se de um método utilizado para modificar a superfície dos nanobastões de ouro. Neste método, as biomoléculas tioladas, como o ADN e o PEG, ligam-se diretamente aos nanobastões de ouro através das suas ligações Au-S [17]. Os compostos de tiol geram uma ligação robusta com a superfície do ouro, pelo que podem ser utilizados para substituir parcial ou totalmente o revestimento dos nanobastões com CTAB. Deste modo, proporcionam uma citotoxicidade reduzida e estabilidade aos GNR.

(b) Acoplamento covalente.

É o método em que são utilizadas como ligantes moléculas pequenas e bifuncionais, ou seja, ácidos 11-mercaptoundecanóicos. Estas moléculas introduzem outros grupos funcionais, como o carboxilo, para posterior bioconjugação com proteínas ou anticorpos, utilizando como agentes de acoplamento a carbodiimida [17]. Este tipo de ligação representa o protocolo mais aceite de química de bioconjugados, Figura 33 [118]. Através deste protocolo, a maioria dos tipos de moléculas biológicas pode ligar-se à superfície das nanopartículas.

(c) Adsorção eletrostática.

Os anticorpos e outras proteínas, a um pH superior ao seu pI (ponto isoelétrico), têm uma carga negativa, pelo que podem ser absorvidos na superfície dos nanobastões de ouro através de atração eletrostática [17]. Embora seja um método mais fácil, a estabilidade a longo prazo das nanopartículas continua a ser um problema a resolver.

(d) Revestimento da superfície.

Neste método, em primeiro lugar, os nanobastões de ouro são revestidos com moléculas poliméricas, seguindo-se a reação das biomoléculas com o polímero através de interações hidrofóbicas ou de absorção eletrostática.

Pode formar-se uma variedade de macroestruturas quando vários nanomateriais de ouro se juntam a biomoléculas. Os GNPs funcionalizados com proteínas podem auto-organizar-se em monocamadas e fornecer um suporte ao qual se ligam matrizes de enzimas.

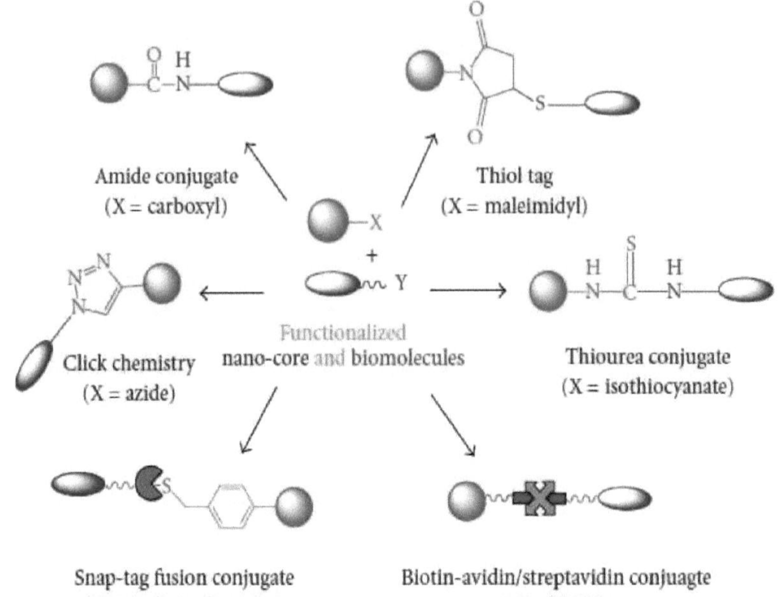

Figura 20. Estratégias de bioconjugação para modificação química na superfície de nanopartículas [2]. Reproduzido de uma fonte de acesso livre.

Várias estratégias importantes de bioconjugação para a funcionalidade da superfície das nanopartículas estão resumidas na Figura 20 [2].

4.4. Estabilização

Devido à forte reatividade superficial dos electrões livres presentes nos GNps, estes tendem facilmente a aglomerar-se, colocando problemas de estabilidade. Compostos não tóxicos de ocorrência natural, como o amido, a goma arábica e a gelatina, são utilizados para estabilizar os GNps imediatamente após a sua formação. Estes estabilizadores formam ligações covalentes fracas com os GNps, de modo que se desprendem facilmente na presença de biomoléculas com grupos electronegativos fortes, com os quais os GNps podem então reagir [21].

As propriedades de estabilização das nanopartículas de ouro funcionalizadas estão relacionadas com a sua capacidade de impedir a degradação de conjugados, como os ácidos nucleicos, e a agregação molecular. O potencial zeta é um modo de medição que pode detetar a inclinação das partículas para se agregarem através da medição da magnitude da repulsão entre elas, pelo que esta técnica pode ser utilizada para confirmar a sua estabilização[118].

Foi utilizada uma gama diversificada de ligandos para estabilizar os GNP, tais como proteínas, ADN, péptidos, polímeros e alcanotióis. As interações a nível molecular entre estes ligandos e a superfície das PNB ocorrem através de interações electrostáticas não covalentes, interações hidrofóbicas e ligação covalente direta. As interações metal-ligante mais extensivamente estudadas são entre os tióis e os GNP. Os tióis naturais, como a cisteína (Cys), o glutatião reduzido (GSH) e os análogos sintéticos do péptido Cys, têm sido utilizados para estabilizar as nanopartículas. As caraterísticas estruturais e funcionais destas GNP revestidas com péptidos tornam-nas ideais para utilização como agentes de imagiologia, para integração em sensores bioanalíticos e como mímicas celulares para a administração de agentes quelantes ou como medicamentos contra o cancro [121].

As GNPs estabilizadas com péptidos podem também assemelhar-se e servir como mímicas de enzimas artificiais ou nanoenzimas [121]. Rosina Ho Wu *et al.* obtiveram em 2014 GNPs estabilizadas com péptidos solúveis em água. O método que utilizaram está totalmente descrito no seu artigo. Em condições fisiológicas e na presença de enzimas hidrolisantes de DNA, os complexos DNA-GNPs exibem maior estabilização e propriedades raras [121].

Existem muitas técnicas utilizadas para a estabilização de nanopartículas de ouro, em que o grau de estabilização que pode ser alcançado depende de vários factores de importância significativa. Por exemplo, a estabilidade térmica das nanopartículas de ouro pode ser conseguida através da imobilização de ADN na sua superfície. Além disso, diferentes nucleósidos com diferentes ligações ao conjunto oferecem uma estabilidade específica da sequência de ADN nas GNP [117].

O objetivo final da funcionalização das GNPs é a sua capacidade de ligar, estabilizar e fornecer macromoléculas biológicas como o ADN ou ARN e uma grande variedade de fármacos de uma forma específica e não tóxica em locais específicos.

5. Biocompatibilidade, toxicidade e citotoxicidade das nanopartículas de ouro

5.1. Definição de biocompatibilidade e toxicidade

Nos últimos anos, as GNP começaram a ser utilizadas in *vivo*, em animais e seres humanos, para fins de diagnóstico e terapêuticos [5]. As GNP servem como transportadores de fármacos, genes, antigénios, etc. em sistemas controlados de administração de fármacos ou como agentes medicinais ou de diagnóstico para o cancro, artrite reumatoide, Alzheimer e muitas outras doenças. Já estão a ser utilizados métodos de preparação intravenosa, como o Aurlmmun e o AuroLase, contra os tecidos cancerosos. Além disso, nos últimos anos, foi recolhida uma quantidade considerável de informações através de ensaios clínicos com o Aurasol, especialmente em doentes com artrite reumatoide grave, mas este projeto foi infelizmente interrompido.

É importante explicar por que razão a afirmação geralmente aceite de que as nanopartículas de ouro nobre são, em geral, não tóxicas devido à sua natureza inerte [22] não deve ser tomada como garantida.

Em primeiro lugar, é necessário definir a biocompatibilidade e a toxicidade. A biocompatibilidade refere-se à capacidade de um biomaterial desempenhar a sua função médica, sem provocar quaisquer efeitos locais ou sistémicos indesejáveis. A toxicidade, por outro lado, refere-se à capacidade de as partículas afectarem negativamente a fisiologia normal, bem como de interromperem diretamente a estrutura normal dos órgãos e tecidos dos seres humanos e dos animais. É indicativo de que ainda não compreendemos completamente o efeito das nanopartículas no interior das células e o modo como podem afetar macroscopicamente o bem-estar geral de um organismo [130].

Assim, é de grande importância o desenvolvimento e o estudo da nanotoxicologia, a ciência que examina os efeitos das nanoestruturas artificiais nos organismos vivos [2]. As nanopartículas, devido ao seu pequeno tamanho e à sua afinidade física com moléculas fisiológicas, como as proteínas, podem penetrar e acumular-se seletivamente nas células. Através da trans-citose, podem ser transportadas através das células endoteliais e epiteliais, podendo ainda ser transportadas ao longo dos dendritos, sangue, vasos linfáticos e axónios, provocando stress oxidativo e inflamação. Por conseguinte, é necessário funcionalizar, bioconjugar e modificar a sua superfície com biomoléculas, a fim de as tornar compatíveis com o organismo. As GNP devem passar por este processo, uma vez que as GNP "nuas" são altamente citotóxicas para qualquer organismo e não devem ser utilizadas. Por outro lado, a passagem por este processo pode cobrir, a curto prazo, a toxicidade do material utilizado, levantando a necessidade de investigação a longo prazo e de monitorização dos doentes [2, 5, 14]. Como a interação das PNBs com os tecidos e as células é regida pelas propriedades gerais das nanopartículas, a sua citotoxicidade é uma questão complexa, que tem sido intensamente estudada, mas que ainda está em debate, uma vez que existem muitas afirmações contraditórias [16].

5.2. Biocompatibilidade das nanopartículas de ouro

Desde o início da utilização médica dos GNP, foram levantadas questões intensas sobre a distribuição e a acumulação dos GNP no sangue e nas células, a farmacocinética e a sua eliminação do organismo, bem como a possibilidade de provocarem efeitos tóxicos para o organismo a nível das células ou dos genomas ou mesmo para o organismo no seu todo. Por conseguinte, o comportamento de biodistribuição e os efeitos toxicológicos dos nanomateriais de ouro devem ser cuidadosamente avaliados antes da sua utilização clínica efectiva. Por exemplo, foram recentemente publicados relatórios que fornecem informações sobre a toxicidade provocada por GNP muito pequenas, com cerca de 1,5 nm, e sobre a forma como estas se acumulam fortemente no fígado e no baço dos animais, uma vez que a cinética de eliminação é muito lenta [5].

As principais etapas da investigação atual sobre a biodistribuição e a toxicidade das GNP em experiências *in vitro* e *in vivo* incluem:

(a) Síntese e caraterização de nanopartículas com parâmetros geométricos e estruturais pré-determinados, examinadas por microscopia eletrónica de transmissão ou de varrimento (TEM, SEM), dispersão dinâmica da luz (DLS), espetroscopia UV-VIS ao nível do conjunto (suspensão) e/ou de uma única partícula, eletroforese, bem como muitos outros métodos [5].

(b) A funcionalização, bioconjugação e modificação da superfície das nanopartículas com ligandos biocompatíveis que asseguram a biocompatibilidade e as propriedades necessárias do conjugado.

(c) O estabelecimento e a realização de uma experiência baseada em amostras de animais ou de células e a caraterização da biodistribuição do material, incluindo a análise da cinética da acumulação/excreção de nanopartículas. A biodistribuição nos órgãos e a cinética de acumulação/excreção são regidas por um esquema de amostragem de tecidos dependente do tempo.

(d) A etapa final consiste na identificação e localização das partículas a nível celular, bem como na análise elementar e estrutural e na integração de dados para a caraterização biológica dos efeitos das PNB e a avaliação de possíveis riscos através da utilização de informações a nível celular [5].

O objetivo final é identificar e caraterizar os efeitos biológicos dos GNP nos tecidos e nas células, bem como avaliar os riscos envolvidos através da integração de toda a informação obtida a nível celular.

A biocompatibilidade das nanopartículas de ouro refere-se aos domínios mais importantes como a hemo e a histocompatibilidade.

5.2.1. Hemocompatibilidade

As GNP estão a ser utilizadas como vectores em aplicações e em testes de administração controlada de fármacos, administração de genes ou como biossensores, aplicações em que ocorre o contacto direto com fluidos corporais e sangue [14, 131]. Recentemente, a compatibilidade sanguínea das GNPs foi avaliada *em* condições *in vitro* através de estudos de hemólise e de agregação de células sanguíneas, realizados por experiências de comportamento de coagulação que concluíram que a hemólise é um fator simples e fiável para a estimativa da compatibilidade sanguínea de biomateriais [14].

Exames recentes da agregação de células sanguíneas na interação com GNP mostraram que, quando a incubação de GNP é feita a uma taxa de interação mais elevada de 10 mg/mL, não são apresentados resultados de agregação para as células sanguíneas. Tal como demonstrado por N. Nimi *et al.* [132], o polietileno imina (PEI) utilizado como controlo positivo apresentou uma agregação, enquanto o controlo salino não apresentou agregação. Na mesma avaliação *in vitro* da agregação de células sanguíneas, foi revelado que as GNP regulares revestidas com citrato não revelaram agregação de células sanguíneas, enquanto que as GNP amino-PEG (pGNP) apresentaram uma agregação de células sanguíneas de 0,15%. Os resultados da atividade hemolítica das GNP variaram entre 0,1% e 0,15%, resultados que estão registados nos limites aceitáveis de 1% [132].

A estabilidade das GNP no ambiente fisiológico, onde os níveis salinos são elevados, apresenta um problema significativo relativamente à utilização de GNP em avaliações e aplicações biológicas. Consequentemente, a solução salina tamponada com fosfato (PBS), que consiste em solução salina isotónica em concentração fisiológica, pode ser utilizada como uma solução de teste de avaliação inicial para a estabilidade das GNP em ambiente fisiológico. Além disso, a hemocompatibilidade das GNP depende de outros aspectos fisiológicos e físico-químicos, tais como o pH, o tamanho e a forma, a superfície e a área de superfície, a estrutura, a hidrofobicidade - hidrofilicidade, a carga superficial, etc. Os valores exigidos para estes aspectos físico-químicos podem variar consoante a área de aplicação das pastilhas de GNP [132, 133].

5.2.2. Histocompatibilidade

Têm sido efectuados muitos estudos de investigação sobre a histocompatibilidade das PNB, muitos dos quais com resultados contraditórios, impondo mais investigação e atenção relativamente à utilização de PNB. Por exemplo, numa tentativa de imitar o trato respiratório após inalação, Brandenberger *et al.* conceberam um modelo de vias aéreas epiteliais constituído por células epiteliais alveolares, macrófagos derivados de monócitos humanos e células dendríticas. O modelo das vias respiratórias foi exposto a GNPs de 15 nm e não se obteve qualquer resultado de stress oxidativo ou qualquer resposta inflamatória. Além disso, não se observou qualquer efeito sinérgico ou supressivo na presença de GNPs, sugerindo que as GNPs não estão a provocar reacções imunitárias. Por outro lado, estudos recentes provaram que a conjugação de péptidos na superfície das GNP pode provocar uma reação imunitária. Assim, os macrófagos da medula óssea murina foram capazes de reconhecer conjugados de péptidos ligados a GNPs, enquanto os péptidos ou GNPs isolados não foram reconhecidos. Assim, a conceção de conjugados de PNBs deve ser mais desenvolvida e estudada, a fim de melhorar as aplicações das PNBs e evitar quaisquer reacções indesejadas como toxicidade, alergias ou mesmo a provocação de doenças auto-imunes [14].

Em geral, as GNP podem ser facilmente funcionalizadas com moléculas de sondas, como anticorpos, enzimas e nucleótidos, resultando em nanomateriais híbridos orgânicos-inorgânicos. Estes nanomateriais estão a ser utilizados como base de muitas aplicações, tais como ensaios de biossensores, sistemas controlados de administração de medicamentos e genes, microscopia confocal a laser e muitos outros sistemas de diagnóstico por imagem baseados em biomateriais [14].

A administração controlada e direcionada de fármacos é uma das vastas áreas exploradas e é o principal campo em que as GNPs já estão a ser utilizadas. Para a identificação, localização e biodistribuição de GNPs em tecidos, estão a ser usadas muitas técnicas como SEM, TEM, autometalografia e muitas outras. As técnicas de análise SEM e TEM podem ser combinadas com a espetroscopia EDX para obter dados elementares. Além disso, a espetroscopia de absorção de raios X (XAS) e as suas variantes XANES e EXAFS podem ser utilizadas para obter informações estruturais sobre os átomos de ouro nas amostras em análise. Atualmente, a análise instrumental por ativação neutrónica (INAA) e a espetrometria de massa com plasma indutivamente acoplado (ICP-MS) são os "padrões de ouro" para a quantificação das concentrações de ouro nos tecidos [5].

5.3. Toxicologia das nanopartículas de ouro

Os mecanismos de interação entre os GNP e os sistemas vivos ainda não são completamente compreendidos. A complexidade deriva da capacidade das moléculas para se ligarem e interagirem com a matéria biológica, alterando as suas caraterísticas superficiais, de acordo com as propriedades ambientais em que se encontram. Ao longo de anos de acumulação de conhecimentos científicos sobre os mecanismos de interação celular dos GNP, concluiu-se que as células lidam facilmente com os GNP através de mecanismos activos ou passivos. No entanto, a nível intracelular, os mecanismos iniciados e o percurso dos nanomateriais são mais difíceis de compreender. As nanopartículas do mesmo material apresentam um comportamento intracelular completamente diferente devido a uma pequena diferenciação do revestimento da superfície, da carga, da área ou do tamanho. Este facto apresenta a principal distinção entre a toxicologia clássica e a nanotoxicologia, sendo que a primeira possui um conjunto metodológico bem estabelecido e protocolado de avaliações e caracterizações de substâncias tóxicas. Além disso, a protocolização das avaliações dos nanomateriais em geral e das nanopartículas de ouro em particular está a ser desenvolvida e ainda não foi aprovada internacionalmente devido ao grande número de variáveis de toxicidade que o trabalho com nanomateriais implica, como o revestimento, o tamanho, a forma, a superfície, a solubilidade, a dispersão, a concentração e a aglomeração de nanopartículas, etc. [5, 14].

A grande quantidade de variáveis de toxicidade está a aumentar ainda mais quando se passa dos modelos de caraterização *in vitro* para os modelos *in vivo*. Até à data, a caraterização *in vivo* da toxicidade das nanopartículas de ouro foi efectuada para as principais vias de entrada, como os pulmões, o intestino e a pele, bem como para os órgãos vitais (cérebro, coração, pulmões, fígado e rins) [71,99].

5.4. Citotoxicidade das nanopartículas de ouro

A via e o método de administração das GNP podem influenciar a distribuição das GNP, bem como os locais de deposição no corpo, e aumentar a gravidade de um possível efeito tóxico. Atualmente, a maioria dos dados recolhidos diz respeito ao método de administração intravenosa [131], enquanto os métodos de administração respiratória, intraperitoneal ou gastrointestinal foram testados apenas em algumas publicações [22]. Este facto pode ser explicado pela necessidade de uma administração eficaz dos conjugados de PNB a células e tecidos específicos, com resultados de especificidade óptimos apresentados pelo método de injeção. Embora, por exemplo, a acumulação de GNP nos tecidos tumorais também dependa do método de seleção. A orientação passiva baseia-se apenas no aumento da permeabilidade e no efeito de retenção dos tumores, ao passo que, na orientação ativa, a superfície das GNP é funcionalizada por biomoléculas, a fim de obter uma maior acumulação nos locais tumorais. Infelizmente, uma parte das GNP é eliminada da circulação sanguínea devido ao sistema imunitário intrínseco do organismo, quer estejam ou não funcionalizadas [5].

A fim de manter a relevância clínica, é utilizado um modelo baseado em sistemas para monitorizar a toxicidade, centrando-se nos alvos dérmicos, hepáticos, pulmonares e do sistema nervoso. Estes compartimentos biológicos constituem as barreiras biológicas do organismo, impedindo a permeação de materiais nanométricos no organismo [3, 131].

5.4.1. Células pulmonares

Cada célula eucariótica (como as células do pulmão) contém diferentes componentes. Cada componente apresenta uma funcionalidade distinta e está envolvido por uma membrana. Os principais componentes da célula são os organelos e o núcleo. Os organelos são representados pelo aparelho de Golgi, mitocôndrias, endossomas, lisossomas, peroxissomas e retículo endoplasmático. Tanto os organelos como o núcleo estão envolvidos por uma membrana de bicamada lipídica caracterizada por proteínas distintas. Verificou-se que as nanopartículas penetram nas membranas das mitocôndrias, dos lisossomas e do núcleo. Infelizmente, os mecanismos de incorporação não são conhecidos até à data [14].

O pulmão é considerado o mais importante portal de entrada de NPs no corpo humano. As investigações actuais centram-se nos impactos dos GNP sobre os macrófagos alveolares, os fibroblastos e as células epiteliais brônquicas. Os resultados da investigação já demonstraram que os GNP podem afetar gravemente a capacidade fagocítica dos macrófagos, o que obstrui a capacidade de depuração dos pulmões [131]. Os sistemas de nanocarreadores, como as GNP poliméricas, para a administração pulmonar de fármacos apresentam numerosas vantagens que podem ser utilizadas para fins terapêuticos.

As NPs poliméricas são biocompatíveis, modificáveis à superfície e capazes de libertar fármacos de forma sustentada [116]. Apresentam um elevado potencial para aplicações no tratamento de várias doenças pulmonares, como a asma, a doença pulmonar obstrutiva crónica (DPOC), a tuberculose (TB) e o cancro do pulmão, bem como de doenças extra-pulmonares, como a diabetes. Além disso, a utilização de materiais de cobertura biológicos como o quitosano ou a BSA, que têm uma grande biocompatibilidade e degradabilidade, reduz a toxicidade, tornando-os uma escolha excecional para a modificação da superfície das GNP. Os materiais de cobertura biológicos são capazes de reduzir a citotoxicidade devido à sua capacidade de imitar o ambiente fisiológico, tornando-os "invisíveis" para o sistema imunitário do organismo. No entanto, é possível que possam sofrer degradação enzimática e a sua utilização necessita de mais investigação. [131].

A PEGilação (ou pegilação) é o processo de ligação covalente de cadeias de polímeros de polietilenoglicol (PEG) a outra molécula [131]. As nanopartículas de ouro, que têm uma proteção de PEG de poli (etilenoglicol), têm propriedades térmicas únicas para serem activadas com energia térmica e apresentam viabilidade celular. No estudo de Puvanakrishnan *et al.* [134], as nanopartículas de ouro (GNPs) foram investigadas como nano-cascas de ouro peguiladas (GNSs) e nanobastões de ouro (GNRs) e demonstraram um perfil seguro. Estes nanovectores apresentaram uma baixa toxicidade local em vários órgãos, que foi dependente da dose quando injectados sistematicamente. Não foi observada qualquer necrose. As GNP não são tóxicas, são estáveis e apresentam propriedades ópticas e térmicas únicas [134]; além disso, são revestidas com PEG e, por conseguinte, têm a capacidade "furtiva" de contornar vários mecanismos de defesa [135], o que as torna um nanocomplexo ideal para contornar os mecanismos de defesa respiratória. Este nanovector poderia, por conseguinte, ser utilizado como um sistema de entrega de genes em aerossol; no entanto, devem ser realizadas várias experiências *in vitro* em células epiteliais das vias respiratórias e estudos *in vivo em* animais. O possível nanocomplexo em aerossol tem de ser testado quanto à sua estabilidade face às forças da nebulização [131, 136].

5.4.2. Células dérmicas

A pele é o maior órgão e a principal barreira à exposição a nanopartículas, provenientes de nanomateriais naturais ou artificiais encontrados na natureza ou no local de trabalho [137]. Por conseguinte, temos de compreender e estudar os mecanismos de penetração e as caraterísticas das nanopartículas na pele [138].

Devido à facilidade de obtenção de GNP e ao seu enorme potencial de biofuncionalização, os sistemas dérmicos de administração de medicamentos baseados em nanopartículas de ouro estão a ser investigados quanto à sua biocompatibilidade e toxicidade, a fim de serem utilizados em tais aplicações médicas [139]. Em geral, os produtos à base de ouro utilizados até à data em tratamentos clínicos, como a artrite reumatoide, são seguros [140]. Mas como as partículas, quando se encontram no estado nano, estão a alterar as suas propriedades bioquímicas, é necessário efetuar investigações sobre a biocompatibilidade e a toxicidade.

Atualmente, é amplamente aceite que a concentração, o tempo de exposição e o tamanho das partículas são factores importantes para a absorção celular das nanopartículas de ouro.

Sabe-se que as nanopartículas de menor dimensão tendem a penetrar mais profundamente na pele, enquanto as de maior dimensão se acumulam nas partes superficiais da pele. Por conseguinte, o tamanho das nanopartículas constitui um fator importante para a sua utilização eficaz e não tóxica em aplicações dérmicas [141]. A este respeito, embora tenham sido efectuados muitos estudos sobre a toxicidade das nanopartículas de ouro, os resultados contraditórios obtidos por alguns investigadores são o principal obstáculo à sua aplicação clínica. Por exemplo, Murphy *et al.*, em 2008, sublinharam a dependência da citotoxicidade das nanopartículas de ouro em relação ao tamanho, ao agente de revestimento e ao tipo de célula, demonstrando que as nanoesferas de ouro de 13 nm, que não eram citotóxicas para as células dérmicas, podiam ainda assim causar danos noutras funcionalidades celulares, como a proliferação e a motilidade celulares. Mostraram também que as partículas grandes de 45 nm, por exemplo, apresentam citotoxicidade em concentrações mais baixas do que as partículas mais pequenas [140]. Os seus resultados estão em conflito com a comunicação de Mironava *et al.* sobre a toxicidade de uma pequena nanopartícula de ouro de 1,4 nm [142].

Alguns investigadores registaram a penetração cutânea de nanopartículas de ouro na derme na presença de várias condições físicas de rutura do estrato córneo.

Em 2009, Filon *et al.* estudaram a penetração de nanopartículas de ouro com um tamanho de 12,9 nm na pele humana intacta e descongelada. De acordo com os dados obtidos, as nanopartículas de ouro penetraram na pele danificada ou intacta após 24 horas [143].

Anteriormente, Sonavane *et al.*, em 2008, também registaram a penetração de nanopartículas de ouro de diferentes tamanhos na derme de pele de rato excisada após 24 horas.

A perturbação do estrato córneo foi observada no caso de produtos químicos utilizados como intensificadores, como o tolueno. Em 2011, H.I. Labouta e D.C. Liu, após uma experiência *ex vivo*, relataram a penetração na derme de nanopartículas de ouro em suspensão de tolueno [144].

Numa experiência de maior dimensão, David C. Liu *et al.*, em 2012, observaram o comportamento de nanopartículas de ouro de 10, 30 e 60 nm expostas durante 24 horas na pele humana recentemente excisada. Tendo em conta as comunicações anteriores sobre a penetração cutânea de pequenas nanopartículas de ouro, D. C. Liu e os seus colaboradores esperavam que as pequenas nanopartículas de ouro de 10 nm penetrassem na epiderme viável. Em vez disso, os seus resultados não mostraram qualquer penetração de nenhuma das partículas, mesmo após 24 horas sob o estrato córneo da derme viável. Além disso, a ausência de penetração das nanopartículas de ouro foi apoiada pelo facto de não terem sido observadas alterações na resposta metabólica total após o tratamento de 24 horas [145].

Os resultados de David C. Liu *et al.* demonstram que a derme viável é protegida pelo estrato córneo contra a penetração de nanopartículas de ouro de diferentes tamanhos. Também demonstraram que a integridade, o tipo e a proveniência da pele são também factores muito importantes [145].

Em conclusão, a citotoxicidade dérmica das nanopartículas de ouro deve ser avaliada em função de todos estes factores, tais como as propriedades das nanopartículas, o modelo de pele utilizado e a integridade da pele, antes de se decidir dar um passo em frente e utilizá-las para fins clínicos.

5.4.3. Células hepáticas

O fígado representa o local de primeira passagem do metabolismo das nanopartículas de ouro, pelo que é suscetível de ser vulnerável à toxicidade das GNP devido à sua deposição no órgão [146].

Os métodos utilizados para avaliar a toxicidade hepatocelular e, consequentemente, os danos celulares são os danos oxidativos no ADN, o ensaio cometa e o ensaio de peroxidação lipídica.

As questões que se colocam relativamente à toxicidade das células hepáticas são a influência da morfologia, do tamanho, do método de administração e da dose na cinética de biodistribuição das nanopartículas de ouro. Vários estudos sobre a biodistribuição do ouro coloidal datam dos anos 70 e 80, quando se observou o efeito do tamanho de nanopartículas de ouro funcionalizadas com BSA de 17 nm e 79 nm injectadas em ratos e ratinhos. Os estudos foram efectuados *in vivo* e os resultados mostraram que, nas células hepáticas, as pequenas nanopartículas de ouro atingiam uma concentração máxima após 2 horas, enquanto as partículas maiores não estavam presentes. Nas células de Kupffer, as nanopartículas de ouro foram identificadas após 6 dias da sua administração e nas faces após 4 a 12 dias [5]. Sadauskas *et al.* foram os primeiros a demonstrar a distribuição das nanopartículas de ouro consoante as células dos órgãos. Após a administração intravenosa de nanopartículas de ouro de 2 nm e 40 nm a ratinhos, verificaram uma aglomeração de 90% das nanopartículas de ouro nas células de Kupffer do fígado, nomeadamente nos seus lisossomas, e de 10% nos macrófagos do baço. Nos restantes órgãos, como o cérebro, os rins, os pulmões, os ovários, a placenta e as supra-renais, não foram encontradas nanopartículas de ouro [147]. As pequenas nanopartículas de ouro de 2 nm foram excretadas pela urina, enquanto as maiores, de 40 nm, localizadas nos endossomas das células de Kupffer, podem aí permanecer durante mais de 6 meses.

5.5. Neurotoxicidade

A medula espinal e o cérebro são os compostos que formam o sistema nervoso central (SNC) e são muito susceptíveis à toxicidade das nanopartículas. Nos últimos anos, um número crescente de investigadores tem vindo a demonstrar que as nanopartículas de ouro peguiladas (PLA-GNPs) [7] ou as nanopartículas de ouro funcionalizadas com péptidos, como as Cys-PEP-GNPs [148, 149], são capazes de atravessar a BBB (barreira hemato-encefálica) após administração intravenosa e de se acumular no cérebro. Atualmente, as nanopartículas de ouro funcionalizadas com péptidos são utilizadas em cirurgia molecular, como o aquecimento seguido de dissolução dos depósitos da proteína $A3_1$, que é responsável pela doença de Alzheimer devido à sua atividade amiloidogénica.

No entanto, é necessário investigar os efeitos neurotóxicos das nanopartículas de ouro no sistema nervoso central, de modo a elucidar as vias através das quais as nanopartículas de ouro podem afetar o cérebro.

Um exemplo da distribuição tecidular das GNP após administração repetida é o ensaio relatado por C. Lasagna-Reeves *et al.* [7]. Para determinar a bioacumulação, a distribuição nos tecidos e a toxicidade subaguda das GNP, foram administradas GNP de tamanho selecionado em três doses diferentes, durante oito dias, a ratinhos de tipo selvagem. Após a injeção repetida, a concentração de ouro em várias amostras de tecidos foi determinada por espetrofotometria de absorção atómica em forno de grafite (GFAAS) e por métodos de espetrometria de massa de plasma acoplado (ICP-MS) e as medidas resultaram em valores semelhantes e reprodutíveis. Os níveis de ouro foram medidos nos órgãos vitais [7].

Após um tratamento de oito dias com injeção intra-peritoneal, em doses de 40, 200 e 400 pg/kg/dia com uma retirada consecutiva durante um dia, observou-se um aumento importante dos níveis de ouro nos fluidos corporais e órgãos vitais que foram examinados [7]. Tendo em consideração estes resultados, sugeriu-se que as GNP foram absorvidas da cavidade intra-peritoneal para a circulação sistémica e dispersas para os tecidos e órgãos. Os dados recolhidos nesta investigação revelam que a absorção intra-peritoneal foi lenta, embora, como já foi referido, as GNP apresentem uma solubilidade/degradabilidade muito baixa, resultando num alcance de 100% no sangue do material administrado. Os níveis de GNPs no sangue foram semelhantes entre os indivíduos, variando de 0,019 a 0,027 ng/pL, independentemente das doses administradas, indicando que as GNPs são maioritariamente absorvidas e acumuladas pelos tecidos. Os resultados da análise histológica nos órgãos estudados mostraram a acumulação de nanopartículas de ouro: pulmão, 130 pm; baço, 35 pm; fígado, 30 pm; rim, 100 pm; cérebro 75 pm [7].

No seu estudo de dose repetida, em que o tempo foi fixado e a dose variou, verificaram que a acumulação de ouro nos órgãos depende da dose administrada. Tendo em consideração o aumento da acumulação de GNP nos órgãos com o aumento das doses administradas, apoia a possibilidade de utilizar GNP para atingir o tecido cerebral sem provocar toxicidade detetável, um aspeto importante no que diz respeito à utilização de GNP para o diagnóstico e potencial tratamento de doenças neurodegenerativas [7]. Além disso, foi examinada a acumulação de GNP no fígado, pulmão, cérebro, baço e rim.

O estudo de acumulação cerebral provou que havia uma quantidade importante de GNP acumulada no cérebro, progressivamente, numa abordagem dependente da dose, atingindo níveis muito superiores aos níveis cerebrais fisiológicos registados. O número médio de GNP no cérebro foi de 53 466, 71 499 e 166 352 mg/g para os animais tratados com 40, 200 e, respetivamente, 400 pg/kg/dia. Comparando estes resultados com os resultados relativamente constantes e de baixo nível sanguíneo, pode sugerir-se a absorção não saturável de GNP do sangue para os tecidos, como foi mencionado anteriormente, através da barreira hemato-encefálica nesse caso. Apesar da grande quantidade de GNP encontrada no cérebro, ainda não é certo se os GNP estão ou não associados às paredes dos vasos nos capilares cerebrais [7].

Nos rins, fígado, baço e pulmões, observou-se um aumento importante da quantidade de GNP após o tratamento de injeção de oito dias. Tendo em conta os diferentes tamanhos dos órgãos, a percentagem total de GNP acumuladas foi mais elevada no fígado, seguida do rim e do baço.

Sabe-se que a acumulação de nanopartículas e de GNP, neste caso, no fígado e no baço pode ser regulada pelo sistema retículo-endotelial (RES), que faz parte do sistema imunitário e está presente nestes órgãos. Além disso, sabe-se que as nanopartículas podem ser absorvidas pelas células de Kupffer no fígado ou por macrófagos noutros locais, independentemente do seu tamanho [7].

Semmler-Behnke *et al.* observaram que, no processo de depuração relativo à dose injectada por via intravenosa, a excreção renal é possível, mas ocorre a baixas taxas e, através do sistema hepatobiliar, apenas uma pequena quantidade foi excretada para as fezes. O resto das nanopartículas de ouro de 18 nm fica retido no baço ou no fígado [150].

Foram efectuados estudos toxicológicos adicionais para testar se o tratamento com GNPs produz toxicidade subaguda em ratos, ao longo do estudo, não resultando em mortalidade ou qualquer indicação de toxicidade, conforme avaliado pelo comportamento animal, morfologia dos tecidos, bioquímica sérica, análise hematológica e exame histológico dos indivíduos estudados.

A fim de determinar se os GNP produzem toxicidade renal, os níveis de ureia, azoto e creatinina no sangue foram analisados bioquimicamente, uma vez que apresentam os metabolitos associados à função renal. Além disso, foram determinados os níveis de ácido úrico, uma vez que a diminuição do ácido úrico no sangue indica toxicidade da droga. A análise bioquímica não revelou qualquer toxicidade grave [7].

5.6. Factores de que depende a citotoxicidade

Atualmente, é amplamente aceite que a farmacocinética, a biodisponibilidade, a bioacumulação, a depuração e a toxicidade das GNP [7] dependem de parâmetros físico-químicos. A citotoxicidade depende do tamanho das partículas [14, 16], da forma, da carga e da modificação da superfície, da química, da composição e da subsequente estabilidade e aglomeração das GNP [7, 22], bem como dos mecanismos de absorção celular e da resposta à toxicidade. Estas propriedades podem ser alteradas para se obter o equilíbrio mais adequado para diferentes aplicações [151].

Yinan Zhang *et al.* 2012 relataram uma investigação completa sobre a citotoxicidade de nanopartículas de ouro de diferentes formas e tamanhos, como esferas e nanobastões, para as linhas celulares MDCK canina e Hep-2 humana em diferentes tempos de exposição e dosagens de partículas [16]. Para a estabilização das nanopartículas de ouro, as nanopartículas de ouro foram citadas com CTAB. No modo de preparação, o tensioativo CTAB desempenha um papel importante no crescimento dos nanobastões, controlando a forma, o tamanho e as propriedades ópticas do produto final. A citotoxicidade das partículas foi investigada através do ensaio MTT [16]. Os resultados mostraram que o CTAB era o principal composto responsável pela toxicidade das GNP. Em conclusão, verificou-se que a citotoxicidade das GNRs com CTAB livre é inferior à citotoxicidade das GNRs revestidas com CTAB e que o rácio de aspeto das GNRs não é importante. As nanoesferas de ouro também não apresentam toxicidade significativa, independentemente da concentração de CTAB utilizada.

S. Vijayakumar *et al.* 2012 estudaram a citotoxicidade *in vitro* das nanopartículas de ouro com diferentes agentes estabilizadores, diferentes morfologias e o tipo de célula utilizado [22]. Como as nanopartículas de ouro podem ligar-se à membrana celular ou ser integradas pelas células, podem ocorrer efeitos tóxicos a nível celular. Os resultados mostraram que os nanomateriais com a mesma composição teriam respostas biológicas diferentes para morfologias diferentes e para tipos de células diferentes. Por exemplo, eram tóxicos para as linhas celulares de carcinoma humano. As nanopartículas de ouro foram cobertas com goma-arábica, amido e citrato e os resultados não mostraram diferenças na viabilidade das células após diferentes tratamentos com cada um destes agentes de cobertura. Apenas o citrato apresentou maior sensibilidade às alterações do ensaio de dose e tempo, mas a viabilidade ainda se manteve nos 80%. O mais viável foi a goma arábica. Estes resultados permitem concluir que, para as linhas celulares utilizadas, as nanopartículas de ouro estabilizadas com goma-arábica ou amido podem ser utilizadas com segurança em aplicações como a terapia e a imagiologia molecular, evitando o citrato.

6. Aplicações de diagnóstico das nanopartículas de ouro

6.1. Aplicações das nanopartículas de ouro na imagiologia molecular

Entre as numerosas aplicações médicas das nanopartículas de ouro, a imagiologia molecular é a aplicação que combina a biologia, a medicina, a farmacologia e a química para detetar perturbações biomédicas e fisiológicas *in vivo* ou para estudar estes processos *in vitro*. A imagiologia molecular, um método não invasivo, permite a deteção clínica precoce e a obtenção de informações que servem de base a estratégias de tratamento de várias doenças, como o cancro, a aterosclerose, a doença de Alzheimer e muitas outras [2].

6.1.1. Imagiologia molecular

Durante as últimas décadas, foram estabelecidos numerosos métodos de imagiologia médica para várias utilizações clínicas e experimentais. Métodos como a ressonância magnética (RM), a tomografia computorizada (TC), a imagiologia ótica (OI) e a imagiologia por radionuclídeos (PET/SPECT) têm sido amplamente utilizados, proporcionando excelentes resultados em testes de diagnóstico em animais e seres humanos [2].

A interação da luz visível e do infravermelho próximo (NIR) com os tecidos é dominada por

(a) processos de absorção que se devem à presença de vários cromóforos, como a hemoglobina, a oxihemoglobina, a melanina, a água e os lípidos [15];

(b) processos de dispersão devidos à membrana celular e às estruturas celulares, como o núcleo, as mitocôndrias e os lisossomas [15].

A penetração da luz nos tecidos depende da extensão dos dois processos acima referidos e é baixa na região visível de alta energia do espetro. Este facto deve-se à elevada absorção pela hemoglobina e à forte dispersão da luz. No regime de comprimento de onda entre 600 nm e 1100 nm, as perdas por absorção e dispersão são mínimas, permitindo uma elevada penetração da luz. Esta é a chamada "janela de imagem ótica", que é explorada para a obtenção de imagens profundas nos tecidos.

A sensibilidade e a especificidade das técnicas de imagiologia ótica para visualizar uma doença patológica são determinadas pelo contraste: a capacidade da doença para dispersar ou absorver a luz de forma diferente do tecido não patológico e do ruído de fundo. Este contraste nativo ou endógeno pode não ser suficiente e, em qualquer caso, as interações da luz com o tecido não são específicas da doença. Por conseguinte, há que recorrer a agentes de contraste administrados exogenamente que tenham afinidade com o local da doença através de interações bioquímicas, fornecendo não só sinais sensíveis mas também específicos da doença [15].

A imagiologia molecular, por outro lado, utiliza sondas conhecidas como biomarcadores. Os biomarcadores são soluções que interagem especificamente com o meio envolvente, alterando as imagens através de alterações moleculares na área de interesse. Esta é a principal diferença entre os métodos tradicionais de imagiologia e a imagiologia molecular. Nas soluções de biomarcadores existe a adição de agentes de contraste endógenos ou exógenos que permitem a visualização, caraterização e quantificação dos processos biológicos na área de interesse. São utilizados diferentes agentes para diferentes técnicas de imagiologia, no que diz respeito à resolução, complexidade e sensibilidade, de modo a obter os melhores resultados na reconstrução da visualização [2].

6.1.2. Ressonância magnética

A ressonância magnética (RM) é uma técnica de diagnóstico médico não invasiva, na qual podem ser utilizados agentes de contraste endógenos e exógenos. Embora os agentes de contraste endógenos possam produzir a excitação e a relaxação dos núcleos de spins magnéticos, a utilização de agentes de contraste exógenos específicos é regularmente necessária para obter uma imagem de RM aceitável com elevada sensibilidade, especificidade, cobertura volumétrica e resolução espácio-temporal. Recentemente, têm sido utilizadas nanopartículas magnéticas de ouro como agentes de contraste para a RM, tais como as nano-cascas magnéticas de ouro (Mag-GNS). A principal vantagem da RMN reside na sua elevada resolução espacial (nível 25-100 pm) e no seu excelente contraste com os tecidos. Com esta abordagem, a RMN pode ser considerada, de forma fiável, superior a outros métodos de imagiologia molecular. Além disso, pode ser utilizada para avaliações funcionais e morfológicas, utilizando apenas uma pequena quantidade de solução de agente de contraste (pg a mg).

O grupo de Hyeon utilizou partículas magnéticas de nano-cascas de ouro (Mag-GNS) numa plataforma de administração de medicamentos que combinava a terapia fototérmica de células de cancro da mama com o método de RMN [2].

6.1.3. Imagiologia ótica

A imagiologia ótica (OI) é um poderoso método de imagiologia molecular não invasivo, que utiliza a luz, a fonte de radiação mais acessível e versátil da natureza. É um método emergente, prometedor e de custo relativamente baixo para o diagnóstico de várias doenças. A imagiologia ótica é ramificada de acordo com o tipo de agentes de imagiologia que são utilizados no processo de diagnóstico. Os fluoróforos proteicos (proteína verde fluorescente e vermelha fluorescente GFP-RFP) e os corantes fluorescentes orgânicos/inorgânicos são alguns dos agentes de imagiologia mais utilizados na imagiologia por fluorescência [106, 132].

6.1.4. Obtenção de imagens por fluorescência e bioluminescência

Os nanobastões de ouro (GNR) podem ser utilizados como blocos de construção de imagiologia fluorescente, para imagiologia fluorescente *in vivo* e *in vitro*, uma vez que proporcionam uma fluorescência molecular eficiente. Apresentam vantagens consideráveis, tais como uma elevada biocompatibilidade, indissolubilidade em fluidos orgânicos, o que evita incidentes de fotobranqueamento, um sinal de absorção e dispersão melhorado e uma absorção plasmónica sintonizável do visível ao NIR [2].

Chang *et al.* referiram a síntese de aglomerados de ouro de dimensão inferior a 4 nm com fluorescência natural dependente da dimensão e menor fotodegradação do que os fluoróforos orgânicos. Além disso, estas nanopartículas podem ser conjugadas com poli (etilenoglicol), biotina peguilada ou estreptavidina, o que aumenta a sua biocompatibilidade.

As nanopartículas de ouro podem ser detectadas por fluorescência através de duas abordagens principais: por um núcleo de ouro fluorescente ou por uma etiqueta fluorescente ligada ao núcleo de ouro. A utilização de moléculas fluorescentes ligadas ao núcleo de ouro representa um dos métodos mais populares. Com base na distância entre a etiqueta fluorescente e o núcleo de ouro, no tamanho das nanopartículas e na carga do corante fluorescente [152], as transferências de energia podem inibir a emissão de fotões (ou aumentar a sua emissão). Desta forma, no momento em que é emitido um sinal de localização de uma partícula, deve ser dada uma resposta independente. O ligando pode ser removido durante ou após a absorção celular por proteólise ou por troca de ligando [152].

A fluorescência pode ser avaliada por microscopia de campo alargado [152] ou, para uma maior resolução, por microscopia confocal de varrimento a laser. Esta última oferece uma imagem de uma secção fina da amostra, fornecendo assim melhores informações sobre a localização.

6.1.5. Imagiologia por radionuclídeos

Neste método, a fonte de deteção e reconstrução da imagem são núcleos radioactivos e os dois principais tipos deste método são a PET (tomografia por emissão de positrões) e a SPECT (tomografia computorizada por emissão de fotões únicos) [2]. A principal desvantagem do método consiste numa fraca resolução espacial nos scanners clínicos. No entanto, as avaliações pré-clínicas e não-invasivas são possíveis devido a uma penetração ilimitada nos tecidos.

6.1.6. Luminescência intensificada por dois fótons (TPL)

Este método é considerado como uma técnica possível no diagnóstico do cancro, utilizando nanobastões de ouro como sondas, devido à sua TPL (luminescência melhorada por dois fotões). As principais vantagens do método são a elevada resolução espacial 3D e a redução do fundo de autofluorescência dos tecidos [153].

Tal como Durr *et al.* demonstraram através de investigação *in vivo*, os GNR apresentam sinais de TPL muito mais fortes do que a autofluorescência de dois fotões produzida pelos tecidos e células, pelo que podem ser utilizados como sondas de imagiologia na deteção do cancro [154].

Outro estudo efectuado por Wang *et al.* mostrou que o TPL de um único nanobastão de ouro através dos vasos sanguíneos do ouvido de um rato era mais brilhante do que o TPL dado por uma molécula de rodamina [155].

6.1.7. Microscopia de dispersão em campo escuro

Os GNR apresentam fortes propriedades de dispersão da luz na região NIR, pelo que, conjugados com ligandos específicos, são amplamente utilizados na microscopia de dispersão de campo escuro para bioimagem de tumores cancerígenos.

Nesta técnica, as nanopartículas de ouro são excitadas por uma fonte de luz branca ampla, mas apenas as frequências de luz correspondentes à LSPR são fortemente dispersas. As nanopartículas são vistas como pontos brilhantes com uma cor correspondente à frequência da LSPR num fundo escuro. De facto, devido à elevada secção transversal de dispersão, as nanopartículas individuais também podem ser visualizadas. Esta abordagem de diagnóstico é bastante geral, uma vez que as nanopartículas de ouro podem ser conjugadas com uma série de proteínas, anticorpos e pequenas moléculas. Os ligandos podem ser escolhidos em função dos biomarcadores de doença a visar. A imagiologia de campo escuro também é possível na região NIR através da utilização de nanobastões de ouro. O EGFR sobre-expresso presente nos tumores epiteliais malignos pode ser visualizado utilizando anticorpos anti-EGFR que são previamente conjugados com nanobastões de ouro, Figura 21.

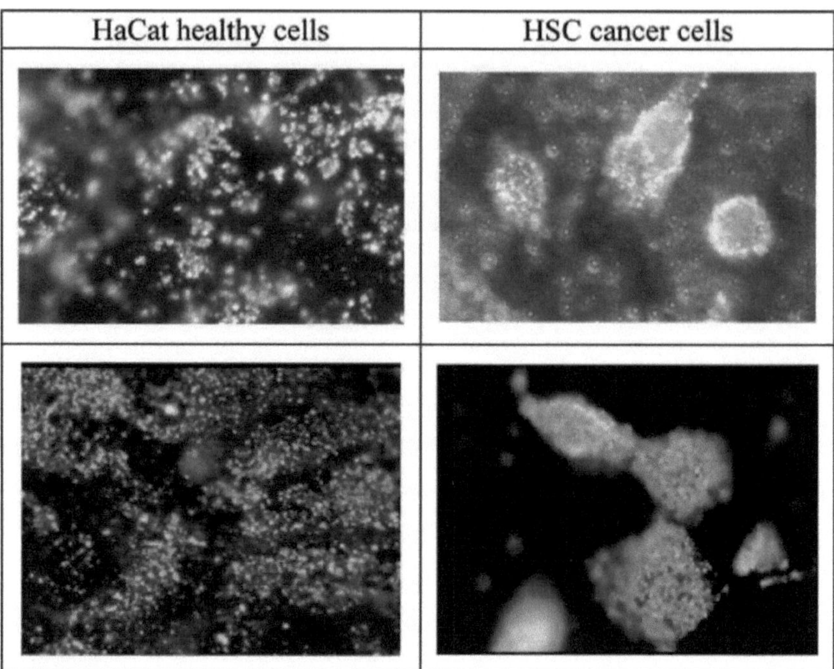

Figura 21. Imagiologia molecular específica do cancro utilizando conjugados de nanopartículas de ouro/anti-EGFR. A microscopia de campo escuro mostra (à direita) as células cancerosas HSC claramente definidas pela forte dispersão LSPR das nanoesferas de ouro (em cima) e dos nanobastões de ouro (em baixo) ligados especificamente à superfície das células cancerosas, ao passo que (à esquerda) as células saudáveis HaCat têm nanoesferas de ouro (em cima) e nanobastões de ouro (em baixo) dispersos aleatoriamente sem ligação específica. A cor da dispersão (frequência LSPR) das nanoesferas e dos nanoesferas pode ser claramente distinguida [156]. Jain, P.K., *et al.*, *Noble Metals on the Nanoscale: Optical and Photothermal Properties and Some Applications in Imaging, Sensing, Biology, and Medicine.* Contas da Investigação Química, 2008. **41**(12): p. 1578-1586. Copyright (2008) Sociedade Americana de Química.

Em 2007, Ding *et al.*, aplicando tanto o TEM como a dispersão em campo escuro, conseguiram monitorizar e obter imagens da biodistribuição dos GNR e da absorção mediada pelo recetor de transferina de nanobastões de ouro em células HeLa [157].

O método de imagem de campo escuro oferece a principal vantagem de obter imagens dos nanobastões de ouro de diferentes rácios de aspeto a cores reais e com elevado contraste.

6.1.8. Tomografia de coerência ótica (OCT)

A OCT é um método de imagiologia de tecidos não invasivo em tempo real que utiliza luz NIR com base nas variações dos perfis de dispersão e absorção do meio. Este método apresenta uma elevada resolução espacial na gama dos micrómetros com uma profundidade de penetração na gama dos milímetros.

Oldenburg *et al.*, em 2009, utilizaram pequenos nanobastões de ouro de 50 nm sintonizados com o comprimento de onda curto da extremidade da OCT espectroscópica para suportar um elevado contraste e a visualização de uma amostra excisada de carcinoma ductal invasivo da mama humana [158].

6.1.9. Tomografia fotoacústica (PAT)

A PAT é um método de imagiologia relativamente novo e não invasivo, baseado no efeito fotoacústico induzido por impulsos de laser. Quando um tecido é iluminado por um impulso de curta duração (alguns nanossegundos), sofre uma breve expansão termoelástica seguida de relaxamento. A pressão da onda é detectada por um transdutor de ultra-sons que converte a onda PA numa imagem [159].

A absorção dos tecidos na banda NIR é inferior à absorção plasmónica da superfície dos GNRs nesta região. Assim, os nanobastões de ouro têm um enorme potencial para a imagiologia *in vitro* e *in vivo* utilizando o método PAT.

Eghtedari *et al.*, em 2007, detectaram nanobastões de ouro a uma concentração muito baixa (1,25 pM) utilizando o método PAT em ratinhos nus. A quantidade mínima de GNR que utilizaram era muito inferior à concentração mínima de nanopartículas ferromagnéticas normalmente utilizadas na RMN

imagem. Desta forma, demonstraram que os GNR podem ser um agente de contraste ideal a uma concentração muito baixa para o método PAT *in vivo* [160].

Dois anos mais tarde, em 2009, Eghtedari M *et al.* utilizaram pela primeira vez GNR funcionalizados com o anticorpo HER (Herceptina) e PEG para o reconhecimento PAT do cancro da mama em ratinhos nus [161].

Em 2011, Chen *et al.* demonstraram que os nanobastões de ouro revestidos com sílica apresentam sinais fotoacústicos mais elevados do que os nanobastões de ouro com a mesma densidade ótica sem revestimento de sílica. São capazes de amplificar a resposta fotoacústica enquanto a absorção ótica permanece a mesma [128].

Em 2014, Wang C. *et al.* comunicaram pela primeira vez a utilização de GNRs revestidos com sílica e conjugados com RGD na superfície de nanotubos de carbono multivalentes (MWNTs) [162], Figura 22. Estas nanoestruturas híbridas foram utilizadas para a deteção *in vivo* de células de cancro gástrico em ratinhos nus. As sondas revelaram baixa toxicidade, boa solubilidade em água e uma forte capacidade de **imagiologia** por PA, Figura 23 [162].

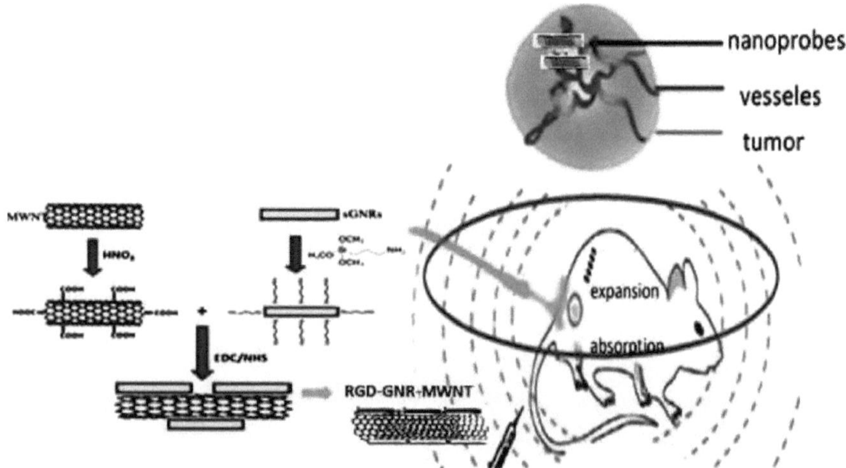

Figura 22. Híbrido sGNR/MWNT conjugado com RGD para imagiologia fotoacústica [162]. Reproduzido de uma fonte de acesso livre.

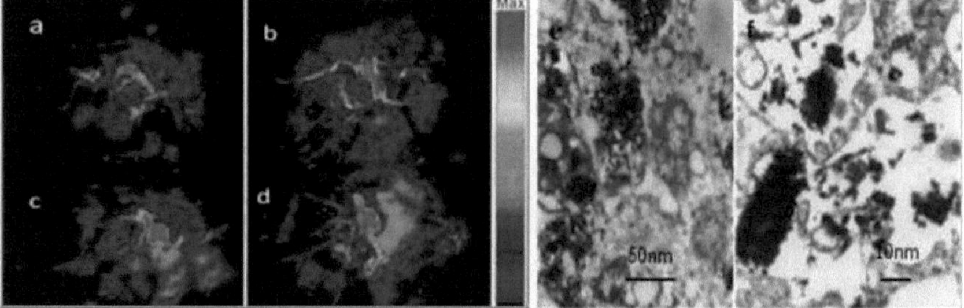

Figura 23. As nanossondas preparadas para imagiologia fotoacústica de células de cancro gástrico *in vivo*. Imagens fotoacústicas a (a) 1 h, (b) 3 h, (c) 6 h e (d) 12 h após a injeção. (e,f) Imagens TEM de nanossondas preparadas localizadas no interior de células MGC803 [162]. Reproduzido de uma fonte de acesso livre.

6.1.10. Tomografia computorizada (TC) de raios X

A TC é um método não invasivo eficiente utilizado para o diagnóstico clínico de muitas doenças, baseado na possibilidade de os raios X efectuarem a varredura de áreas no interior do corpo. Associado a um agente de contraste de raios X adequado podem ser obtidas informações morfológicas e vasculares [2]. O elevado contraste é obtido devido às diferenças de absorção e atenuação entre os tecidos e outros componentes do corpo, como a água. Assim, a TC pode ser utilizada não só na visualização de células cancerosas, mas também no sistema circulatório, nos ossos e em órgãos como os rins e os pulmões.

Até à data, os agentes de contraste comuns utilizados na investigação clínica para evidenciar os órgãos gastrointestinais e os vasos sanguíneos são o sal de bário, o iodo e a gastrografina.

Os agentes de contraste para TC que contêm iodo têm desvantagens, na medida em que são excretados do corpo muito rapidamente, são inespecíficos e têm toxicidade renal.

Foram recentemente desenvolvidos vários agentes de contraste baseados em nanopartículas, como as GNP, para ultrapassar o curto tempo de circulação dos agentes de contraste iodados [115].

Sun-Hee Kim *et al.*, em 2012, conceberam nanopartículas de ouro (GNP) cobertas com iodo e polietilenoglicol (PEG) para proporcionar um melhoramento eficaz da imagiologia por TC de raios X. Na sua experiência *in vitro*, compararam o grau de melhoria do contraste das GNP revestidas com metoxi PEG e das GNP revestidas com metoxi PEG-iodo com a mesma concentração de ouro. Também compararam a atenuação CT relativa das GNP metoxi-PEG-iodo com a do agente de contraste iodado comercial [163]. As GNP metoxi-PEG-iodo foram injectadas nos ratos e observou-se um aumento impressionante do contraste nos rins, fígado, aorta e coração, Figura 24 [163]. Este contraste manteve-se durante 5 dias sem toxicidade aparente.

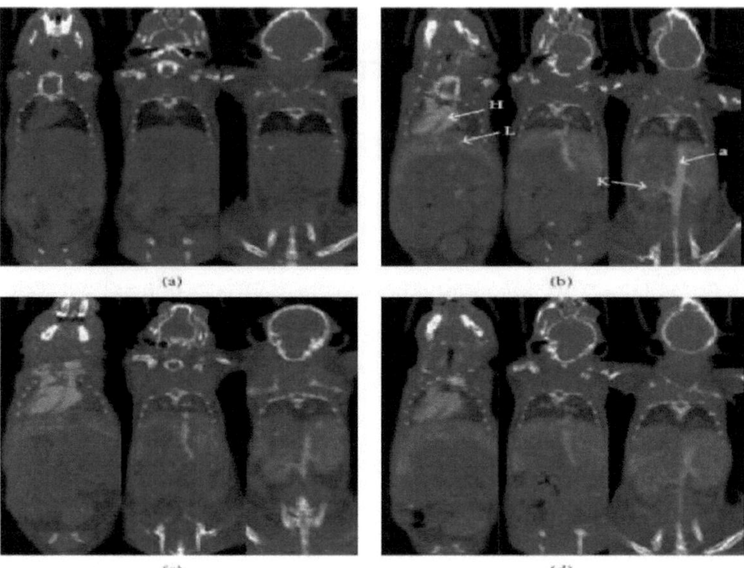

Figura 24. Imagens de raios X em ratinhos. (a) antes da injeção, (b) imediatamente, (c) 30 m e (d) 24 h após a injeção na veia caudal de AuNPs revestidas com metoxi-PEG-iodo (quantidade de Au: 56 pmole). O coração, a aorta, o rim e o fígado foram realçados, respetivamente. As setas indicam H: coração, L: fígado, K: rim e a: aorta, respetivamente [163]. Reproduzido de uma fonte de acesso livre.

As GNP revestidas com metoxi-PEG-iodo têm um maior realce em comparação com as nanopartículas de ouro revestidas com PEG na mesma quantidade de ouro *in vitro*. Em conclusão, as GNP revestidas com metoxi-PEG-iodo podem ser um bom candidato como agente de contraste CT para a imagiologia de poças de sangue, o que também contribuirá para o prolongamento do tempo de circulação sanguínea necessário na imagiologia X-ray-CT [163].

6.1.11. Imagiologia multimodal

No vasto espetro de técnicas de imagiologia, nenhuma é capaz de *satisfazer* todas as necessidades das aplicações médicas, uma vez que cada uma tem as suas vantagens e limitações. Por exemplo, a imagiologia ótica oferece uma elevada sensibilidade e uma boa resolução espacial. Ao mesmo tempo, apresenta uma baixa penetração nos tecidos e uma elevada suscetibilidade ao ruído, uma vez que os fotões se dispersam nos tecidos na luz visível [17].

A combinação de múltiplas modalidades de imagiologia, juntamente com modificações estruturais e funcionais adequadas das nanopartículas de ouro, pode oferecer vantagens sinérgicas em relação a qualquer modalidade isolada [2]. Assim, as técnicas de imagiologia combinadas podem oferecer melhores resultados na deteção de tumores. Alguns destes métodos são PET-MRI, PET-CT, SPECT-CT, US-PA [115], FL-PA, US-MRI, PAM-MPM, PAM-OCT.

Teoricamente, o método de TC não pode ser utilizado como método de imagiologia molecular devido à sua fraca sensibilidade, que não permite a deteção de baixas concentrações de agentes imagiológicos utilizados para a orientação molecular. No entanto, com uma modificação adequada da estrutura dos agentes de contraste da TC, esta pode ser utilizada em combinação com outros métodos de imagiologia multimodal [2].

Os GNR representam sondas ideais para a imagiologia biomédica e oferecem elevadas propriedades de imagem para a imagiologia multimodal. Assim, têm sido estudados em muitas aplicações de imagiologia multimodal. Por exemplo, Luo *et al.* 2011 comunicaram pela primeira vez a utilização de nanobastões de ouro revestidos a sílica e marcados com um corante orgânico de cianina (Au@Sio$_2$ carregado com ICG), o que permite a obtenção de imagens de modo duplo utilizando a fluorescência CT e NIR [164].

Sun *et al.* em 2011 sintetizaram nanobastões de ouro que foram funcionalizados com Gd (III) utilizando um novo método. Os iões Gd (III) estão ligados por ligações não covalentes aos GNRs, tendo a possibilidade de serem facilmente acessíveis às moléculas de água. Estes GNRs foram utilizados como sondas de TC e RMN [58].

Huang *et al.*, em 2011, utilizando como agentes de contraste nanobastões de ouro, lançaram as bases de um novo método híbrido para a imagiologia do cancro. Os dois métodos utilizados são a imagiologia de raios X e a fotoacústica, que oferecem uma técnica de contraste complementar. São obtidas imagens fundidas que fornecem simultaneamente informações funcionais e anatómicas [164].

Agarwal *et al.*, em 2011, fabricaram um novo agente de contraste de alvo duplo que pode ser visualizado por métodos de imagiologia nuclear e fotoacústica. O agente de contraste é composto por nanobastões de ouro funcionalizados com anticorpos contra o fator de necrose tumoral (TNF-alfa) e posteriormente radiomarcados com[125] I. A combinação destes dois métodos, juntamente com a utilização do novo agente de contraste, oferece a possibilidade de obter imagens de tecidos profundos e mineralizados, bem como a monitorização não invasiva da administração de medicamentos.

Liu *et al.*, em 2011, investigaram GNRs PEGilados conjugados com transferrina (Tf) como molécula de biorreconhecimento e gadolínio (Gd) como agente de imagiologia por ressonância magnética.

Este complexo representa sondas plasmónicas e magnéticas e foi utilizado para a imagiologia multimodal de células cancerosas pancreáticas com imagens de campo escuro e microscopia eletrónica de transmissão [165].

Em aplicações clínicas, a deteção de GNP na pele ou noutro órgão e a morfologia do órgão podem ser monitorizadas utilizando MPT (tomografia multifotónica), FLIM (fluorescence lifetime imaging) ou MPT-FLIM, uma combinação destes dois métodos [145].

David C. Liu *et al.*, em 2012, investigaram a forma como as nanopartículas de ouro de diferentes dimensões: 10 nm, 30 nm e 60 nm penetram na pele humana excisada e seus efeitos metabólicos após 24 horas de exposição, utilizando como métodos de deteção MPT e MTP-FLIM [145].

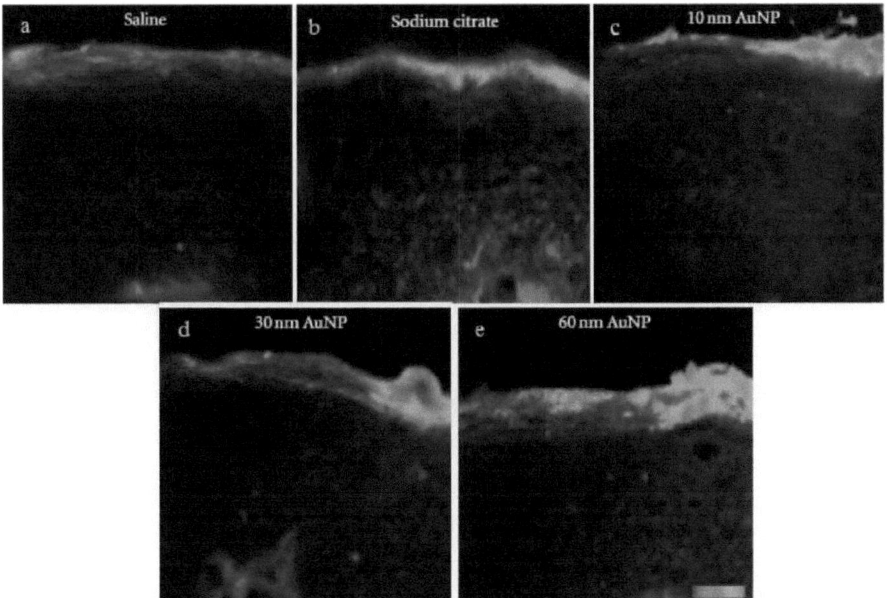

Figura 25. (a - e) Penetração de nanopartículas de ouro em pele crioseccionada utilizando MPT-FLIM [145]. Reproduzido de uma fonte de acesso livre.

Na sua experiência, utilizaram GNPs de três tamanhos diferentes: 10 nm, 30 nm e 60 nm e pele humana excisada. O tamanho e a morfologia das GNP foram determinados por vários métodos, tais como SEM, SAXS, TEM, SEM, AFM, DLS e ES-DMA, tendo sido encontradas variações muito pequenas em relação ao tamanho principal. Foram recolhidas amostras de pele viáveis, de três dadores diferentes, após a abdominoplastia dos doentes. O processamento e a preservação da pele foram efectuados de modo a que as amostras permanecessem viáveis durante todo o período dos estudos. Os GNP foram aplicados topicamente durante 24 horas na pele e analisados inicialmente por MPT para investigar o seu efeito, utilizando pele humana intacta e crioseccionada [145]. Ambos os conjuntos de dados foram pseudocoloridos com base numa percentagem de 1% 0-100% (azul para vermelho).

Em conclusão, as GNP de qualquer das dimensões utilizadas na experiência com pele viável não conseguiram penetrar abaixo do estrato córneo. As partículas permaneceram localizadas no estrato córneo e nos sulcos da pele, Figura 25 [145].

6.2. Nanopartículas de ouro como biossensores

A necessidade de novas ferramentas utilizadas para rastrear e diagnosticar rápida e facilmente a presença de agentes patogénicos levou muitos investigadores a desenvolverem esforços no domínio da segurança alimentar, da análise ambiental e do diagnóstico médico.

As GNP exibem propriedades electroquímicas específicas que as tornam muito úteis em muitas aplicações de biossensores. Pequenas moléculas como a dopamina e vários ácidos orgânicos podem ser facilmente detectadas utilizando nanopartículas de ouro como biossensores. Em 2013, Chunyan Wang *et al.* descreveram um método simples para cobrir GNS (nanofolhas de grafeno) em nanopartículas de ouro de 30 nm. O método é uma técnica de um passo em que o etilenoglicol é utilizado como solvente e agente redutor, enquanto o composto híbrido obtido pode ser utilizado como elétrodo com atividade electrocatalítica específica contra a oxidação de algumas biomoléculas, como a dopamina (DA), o ácido ascórbico (AA) e o ácido úrico (UA). Com base nesta abordagem, as GNP depositadas em diferentes eléctrodos podem ser utilizadas como biossensores electroquímicos [166].

Muitos relatórios referem a monitorização da hibridação do ADN como deteção eletroquímica utilizando nanopartículas de ouro como marcadores. Nestes métodos, a deteção pode ser conseguida através da deteção de GNPs ou através da deteção do complexo híbrido GNPs/DNA formado.

Por exemplo, Ahmed M. Mohammed *et al.* em 2014, produziram um dispositivo de elétrodo constituído por películas finas de SiO_2 funcionalizadas com (3-aminopropil)trietoxisil (APTES) e GNPs que podem ser utilizadas para a deteção eletroquímica de ADN. Neste ensaio, a superfície de uma película fina de SiO_2 (óxido de silício) oxidada termicamente é primeiramente funcionalizada com uma solução de APTES através dos grupos silanol.

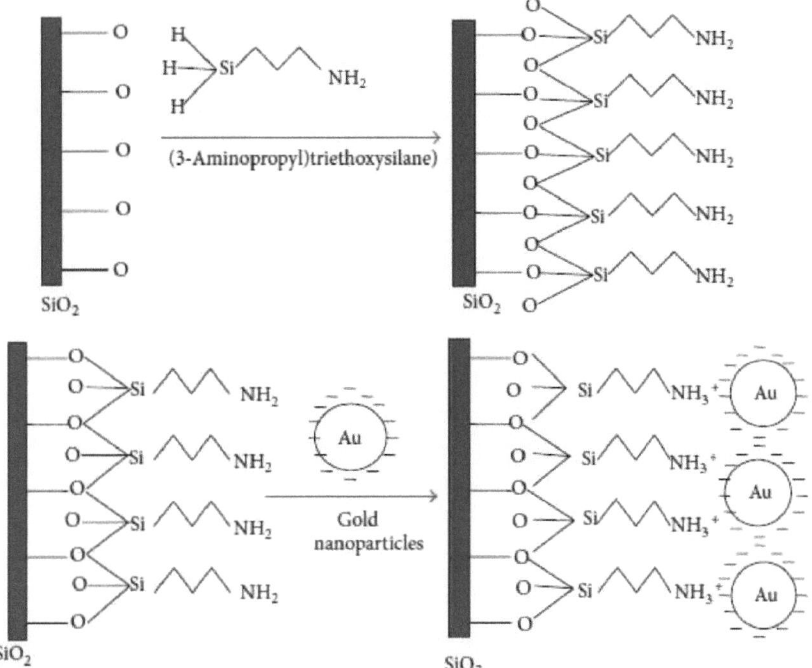

Figura 26. Modificação da superfície de SiO₂ com GNPs utilizando APTES [167]. Reproduzido de uma fonte de acesso livre.

Além disso, as GNP são depositadas na superfície SiO2/APTES devido à presença de grupos APTES ($-NH_2$) que actuam como camada de cola entre a superfície SiO_2 e as GNP, Figura 26 [167]. Depois de as GNP estarem ligadas ao ADN que, desta forma, é imobilizado e hibridizado no elétrodo fino de SiO_2 /APTES/GNP, criando-se ao mesmo tempo uma diferença entre o valor da permeabilidade e da capacitância, que atinge o seu melhor valor até 30 minutos e que pode ser lido num pequeno monitor, Figura 27 [167]. Este biossensor eletroquímico de ADN pode ser utilizado numa série de aplicações, tais como investigações criminais, biodiagnóstico molecular e, sobretudo, no domínio do diagnóstico médico.

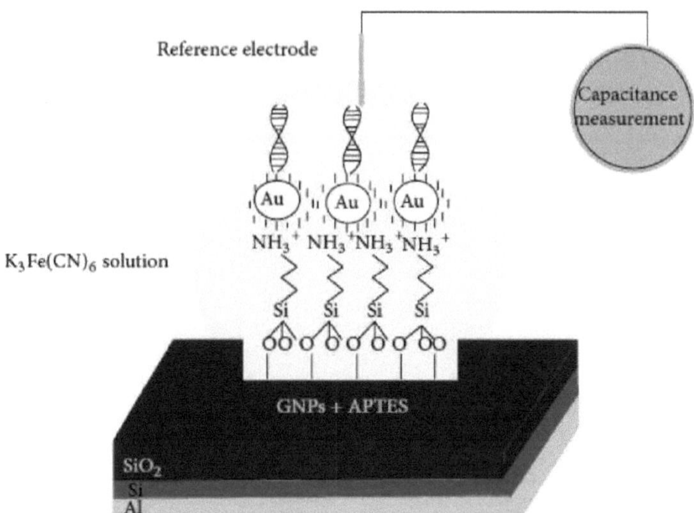

Figura 27. Ilustração esquemática da medição do teste de um elétrodo de GNPs modificado e da hibridação do ADN utilizando APTES [167]. Reproduzido de uma fonte de acesso livre.

As tecnologias de biossensores baseadas nas propriedades de marcação das GNPs têm sido utilizadas como potenciais alternativas aos métodos padrão no domínio da deteção de agentes patogénicos. Várias razões, como o tempo de resposta rápido, a sensibilidade, a forma robusta, a portabilidade e a facilidade de manipulação, representam o fundamento desta técnica. Benjamin Y. C. Ng *et al.* anunciaram recentemente (2015) que GNPs coloidais revestidas com estreptavidina e PEGiladas foram utilizadas como marcadores num bioensaio rápido, simples e altamente sensível que detecta electroquimicamente a presença de ADN do *bacilo Mycobacterium tuberculosis*. O método combina o método RPA (amplificação da polimerase recombinase) para a amplificação isotérmica do ADN com a capacidade das GNP para gerar sinais positivos de DPV (voltametria de impulsos diferenciais) quando imobilizadas na superfície de um elétrodo, Figura 28 [168].

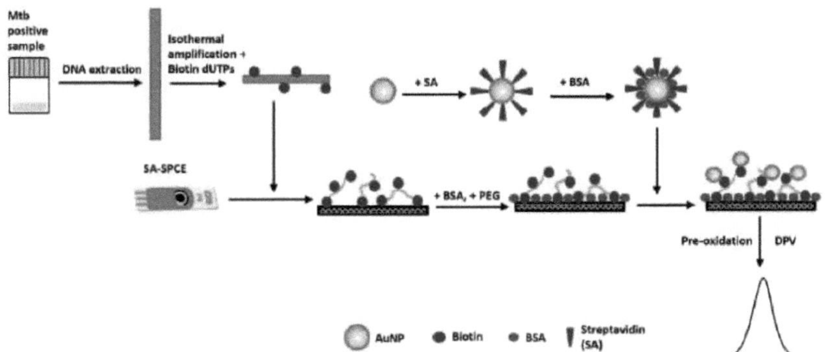

Figura 28. Representação esquemática da estratégia de deteção eletroquímica, desde a extração do ADN até à leitura. É gerado um sinal DPV positivo quando existem suficientes AuNPs imobilizadas na superfície do elétrodo de trabalho [168]. Reproduzido com permissão de Ng, B.Y.C., *et al.*, *Rapid, Single-Cell Electrochemical Detection of Mycobacterium tuberculosis Using Colloidal Gold Nanoparticles.* Analytical Chemistry, 2015.**87**(20): p. 10613-10618. Direitos de autor (2015) Sociedade Americana de Química.

Este biossensor tem a capacidade de detetar uma resposta a partir de apenas 1 UFC (unidades formadoras de colónias) de material de entrada de ADN do bacilo *Mycobacterium tuberculosis* e pode ser facilmente adaptado, a baixo custo, a um dispositivo portátil de leitura para testes no local de prestação de cuidados (PoC).

Como já foi salientado, os biossensores electroquímicos são muito úteis não só como sensores no campo da medicina, mas também como sensores na deteção e prevenção de doenças infecciosas causadas por agentes patogénicos nos alimentos, portanto, para a saúde geral e a segurança alimentar. Por exemplo, A. S. Alfonso *et al.*, em 2012, relataram o fabrico de um imunossensor eletroquímico para a deteção de *Salmonella enterica* em amostras de alimentos.

Neste âmbito, as GNP de 20 nm preparadas pelo método de Turkevich foram utilizadas como marcadores para o sSAb (segundo anticorpo policlonal anti-Salmonella), que foi previamente obtido por separação imunomagnética a partir de amostras de leite desnatado [169].

7. Aplicações de nanopartículas de ouro na terapia do cancro utilizando sistemas de teranóstica. Terapia fototérmica.

Nos últimos anos, o cancro tornou-se um dos principais problemas de saúde pública em todo o mundo. Os últimos dados mundiais disponíveis da Organização Mundial de Saúde sobre a incidência do cancro indicam que, em 2012, se registaram 14,1 milhões de novos casos de cancro e 8,2 milhões de mortes relacionadas com o cancro, estimando-se que a incidência do cancro aumente cerca de 70% em relação ao número de novos casos nas próximas duas décadas. Entre os homens, o cancro do pulmão é o mais comum, seguido do da próstata, enquanto entre as mulheres o mais comum é o cancro da mama.

Sob o termo genérico de cancro esconde-se uma variedade de doenças com consequências negativas para todo o corpo. A caraterística mais importante do cancro é a criação de células anormais que podem crescer rapidamente e, na última fase conhecida como metástases, podem espalhar-se para outros órgãos causando a morte. Assim, o diagnóstico precoce da doença e o rastreio são da maior importância.

Em comparação com os métodos conhecidos até agora, a nanomedicina, graças aos novos nanomateriais e nanotécnicas, tem não só um potencial real de deteção do cancro antes da sua metastização, mas também de aplicação de um tratamento específico dirigido às células tumorais sem afetar a restante parte do tecido.

Devido à sua estabilidade química, propriedades ópticas, biocompatibilidade, biodistribuição e elevada afinidade por moléculas biológicas, como anticorpos ou proteínas, as nanopartículas de ouro têm sido muito investigadas para a imagiologia ótica, biossensores, teranóstica e administração de fármacos. Além disso, nas últimas décadas, muitos métodos para controlar a sua morfologia, tamanho e propriedades ópticas ou para funcionalizar e estabilizar as suas superfícies foram firmemente estabelecidos, como se pode ver nesta revisão. Todas estas propriedades, juntamente com os estudos sobre a sua menor toxicidade em comparação com outras nanopartículas, fazem delas uma das nanopartículas mais promissoras para o futuro da nanomedicina.

Theranostics é o termo que define a combinação entre diagnóstico e terapêutica com o objetivo de tratar o cancro. Este domínio especial da nanomedicina utiliza a informação fornecida por diferentes biomarcadores para criar o complexo sintético específico para cada tecido visado e o fármaco administrado para apresentar uma atividade específica apenas para esse local.

Em comparação com o método clássico de cirurgia aberta utilizado na exterminação de tumores cancerígenos, a terapia fototérmica (terapia hipertérmica) é uma forma menos invasiva com o objetivo final de erradicar o tecido maligno e deixar o ambiente circundante intacto e saudável.

As pequenas dimensões das nanopartículas de ouro e a possibilidade de as aquecer rapidamente numa pequena área, na presença de uma fonte de luz adequada, conduziram ao conceito atualmente conhecido como terapia fototérmica [170]. Entre os primeiros estudos sobre a atividade fototérmica das nanopartículas de ouro, L.R. Hirsh *et al*, em 2003, demonstraram o efeito fototérmico das nano-cascas de ouro em tumores sólidos de ratinhos fêmeas [171].

Para um tratamento eficaz do cancro, a conceção óptima das nanopartículas de ouro utilizadas para a administração de fármacos e, posteriormente, para o tratamento é de grande importância. Na escolha do sistema correto a utilizar, a densidade do número de GNPs e as propriedades como a dispersão e a adsorção desempenham um papel importante. Para além do tipo de luz de excitação, que deve penetrar no tecido tão profundamente quanto necessário, os agentes de conversão fototérmica (PTCA) utilizados na terapia fototérmica (PTT) devem apresentar *in vivo* uma grande secção transversal de absorção da luz [172] e ter a possibilidade de serem sistematicamente administrados no local de tratamento, mantendo os níveis de concentração necessários durante todo o processo sem causar danos aos tecidos saudáveis circundantes. A luz que satisfaz a condição de penetração profunda *nos* tecidos *in vivo* com um efeito de impacto mínimo sobre os tecidos não visados é a luz NIR (650-900 nm). Os PTCAs mais investigados são as nanopartículas de ouro com geometria de esfera, concha [108, 173], vareta e gaiola [129]. Estas nanopartículas apresentam uma preparação fácil e de baixo custo, biocompatibilidade e as mais importantes propriedades ópticas sintonizáveis no infravermelho próximo (NIR), pelo que, entre as nanopartículas, as GNP são os agentes mais versáteis.

Uma descrição pormenorizada e uma excelente base teórica para compreender a técnica da terapia fototérmica estão disponíveis na ref [172]. De seguida apresentam-se apenas alguns pontos-chave relativos a esta técnica seguindo a mesma linha que os autores do artigo mencionado descrevem. De acordo com os GNPs, a presença de água e a potência do laser, surgem diferentes respostas termofísicas no meio envolvente e nos GNPs [172]. Por exemplo, a temperatura da superfície das nanopartículas de ouro aumenta com o aumento da potência do laser. Ao mesmo tempo, a pressão perto das partículas pode também aumentar quando a energia laser é aplicada. Estas respostas estão a conduzir a várias respostas biológicas que correspondem a diferentes aplicações em diferentes escalas, da nano à macro.

As GNP introduzidas no interior das células tumorais aumentam significativamente a energia do laser e aquecem localmente o tumor. Sob a luz laser, cada nanopartícula de ouro gera uma certa quantidade de calor que contribui para o aumento da temperatura [172]. Além disso, como cada tecido é uma combinação de diferentes estruturas com propriedades ópticas diferentes entre si, é importante conhecer a composição do tecido e as suas propriedades de absorção e dispersão [172]. A janela terapêutica varia no comprimento de onda entre o visível e o infravermelho, 700-1100 nm.

Na ausência de nanopartículas de ouro, as interações entre o laser e o tecido dependem do tempo e da potência do laser. A exposição prolongada e a baixa fluência do laser conduzem a interações fototérmicas e fotoquímicas, enquanto os impulsos curtos determinam um aquecimento intenso com fotoablação.

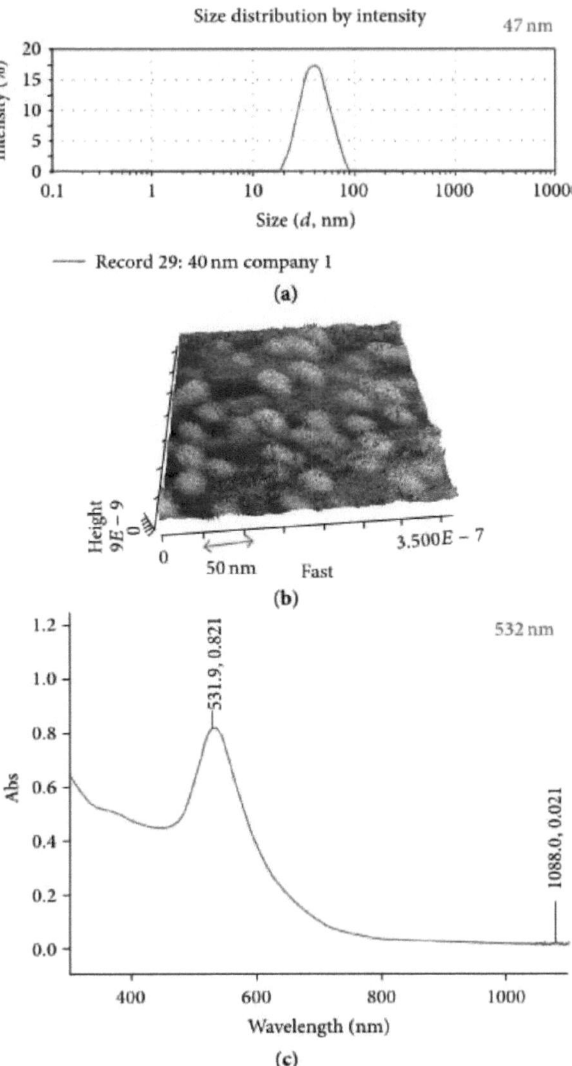

Figura 29. (a) DLS, (b) AFM e (c) imagens do espetrofotómetro UV/Vis mostram que o tamanho médio dos GNPs é de 47 mm, a forma é redonda e o comprimento de onda de absorção é de 532 nm [175]. Reproduzido de uma fonte de acesso livre.

Pulsos mais curtos ou uma energia laser mais elevada resultam na fotodisrupção do tecido, pelo que as técnicas de aquecimento podem danificar o tecido. A presença de nanopartículas de ouro leva a um aumento da absorção local, pelo que é necessária menos energia para o mesmo efeito [172] e a área circundante não é afetada. Podem ser utilizadas diferentes abordagens e formas de energia, como micro-ondas ou laser, para gerar temperaturas locais de 41° C a 45°C para a hipertermia ou superiores a 50°C para a ablação térmica [174].

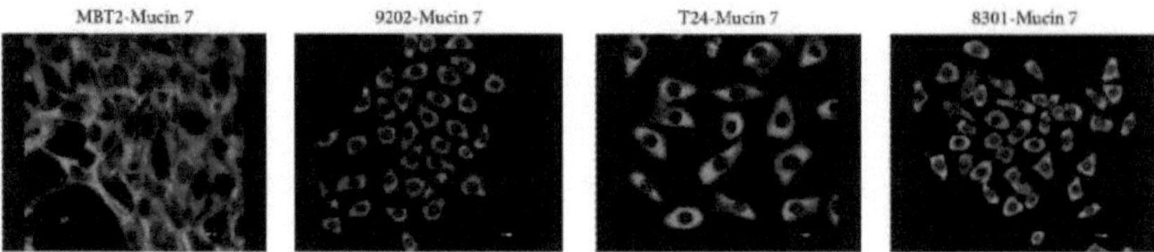

Figura 30. Imagem microscópica confocal da expressão da Mucina 7 nas linhas celulares de cancro MBT2 (ratinho), 9202 (humano), T24 (humano) e 8301 (humano). Todos os tipos de células apresentaram Mucina 7 na membrana celular. A barra de escala tem 20 pm de comprimento [175]. Reproduzido de uma fonte de acesso livre.

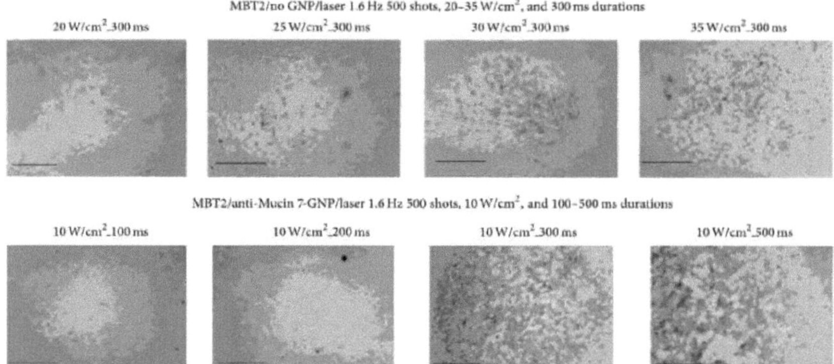

Figura 31. Células MBT2 tratadas com nanopartículas de ouro conjugadas com anti-Mucina 7 e 500 disparos de laser a 532nm e uma frequência de 1,6 Hz, mas com diferentes durações de aplicação. A destruição das células cancerosas no grupo de controlo exigiu mais de 3 vezes a energia do grupo tratado. A barra de escala tem 1 mm de comprimento [175]. Reproduzido de uma fonte de acesso livre.

De acordo com a questão mencionada acima, um método fototérmico imunizado para destruir células malignas uroteliais, preservando as células saudáveis circundantes, foi relatado por Chen *et al.* 2014. No método, nanoesferas de ouro de cerca de 47 nm de tamanho e 532 nm de absorção de comprimento de onda Figura 29, conjugadas com anticorpos monoclonais primários anti-Mucina 7 (hospedeiro de rato) serviram como sondas e visaram células tumorais. Foram utilizados quatro tipos de linhas de células malignas uroteliais: 8301 humana, 9202, T24 e MBT2 murina que, após 4 dias de cultura, foram incubadas a 37° C durante 30 min. e direcionadas para as nanopartículas de ouro imunizadas, Figura 30. As culturas de tecidos foram irradiadas por um laser de luz verde de 532 nm focado num ponto de 5 mm com cerca de 500 disparos, em diferentes densidades de potência [175].

Em conformidade com os resultados de Chen *et al.*, a nanoplataforma utilizada *in vitro* danificou todos os tipos de células cancerosas visadas com uma energia laser 3 vezes inferior à necessária para as células cancerosas não conjugadas, Figuras 31-33 [175].

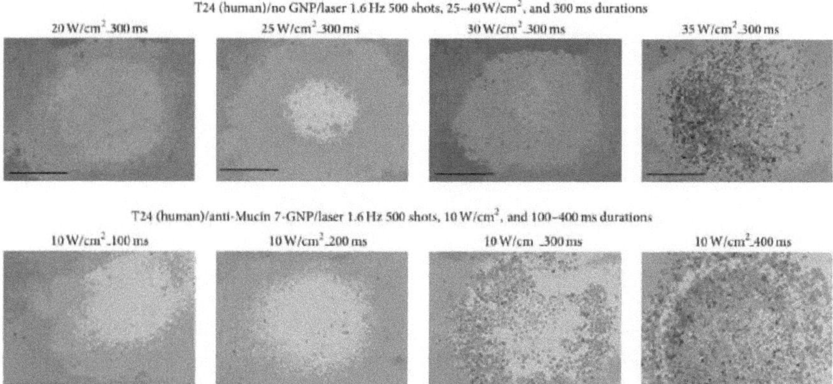

Figura 32. Células de cancro urotelial humano (T24) tratadas com nanopartículas de ouro conjugadas com anti-Mucina 7 nas mesmas condições que as utilizadas para tratar as células MBT2. Os resultados foram semelhantes entre as células T24 e MBT2. A barra de escala tem 1 mm de comprimento [175]. Reproduzido de uma fonte de acesso livre.

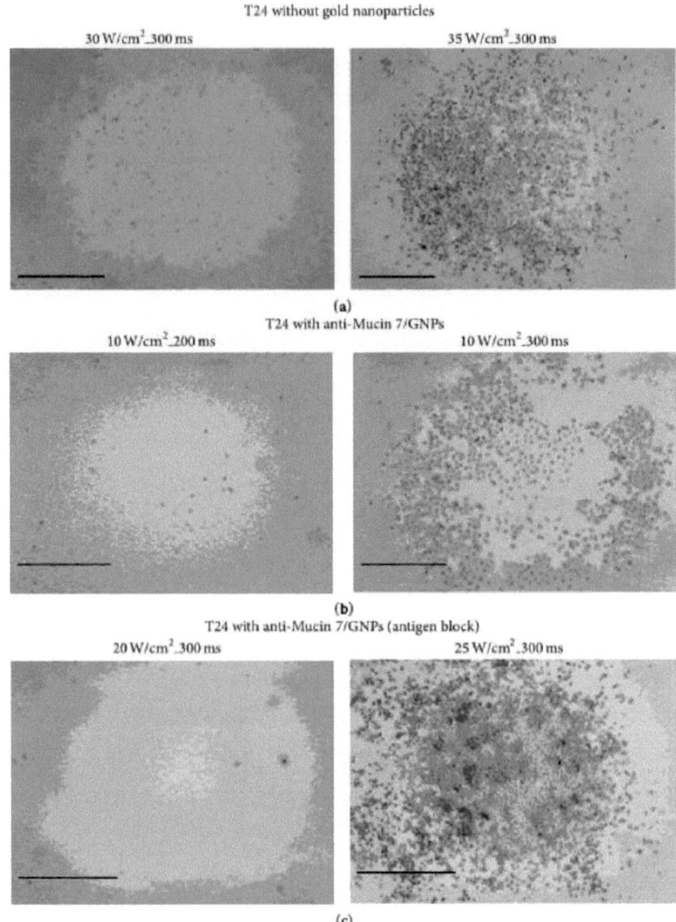

Figura 33. (a) Células T24 tratadas apenas com laser. As células começaram a morrer após 500 disparos de laser com uma potência de 35W/cm2 e 300 ms de duração a uma frequência de 1,6 Hz. (b) Células T24 tratadas com nanopartículas de ouro conjugadas com Mucina 7. As células morreram com uma potência de 10 W/cm2 (com a mesma frequência e duração descritas acima). (c) Os anticorpos foram bloqueados por tio-PEG durante a síntese e a morte das células cancerosas exigiu uma potência de 25 W/cm2 (com a mesma frequência e duração descritas acima). A barra de escala tem 1 mm de comprimento [175]. Reproduzido de uma fonte de acesso livre.

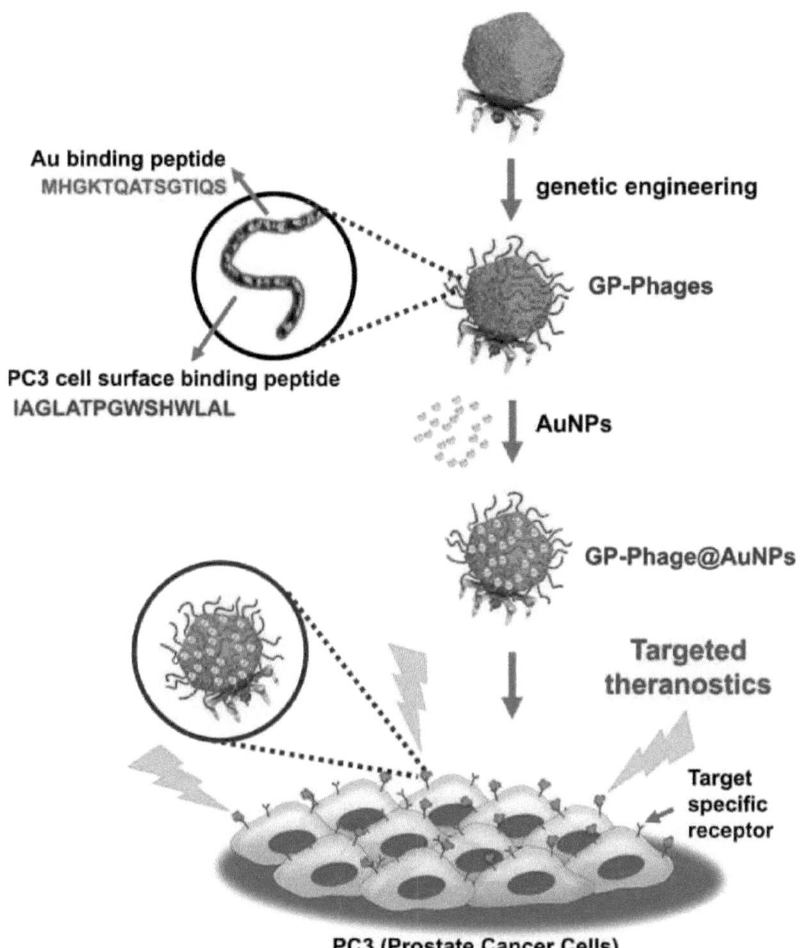

Figura 34. Ilustração esquemática da terapia fototérmica selectiva do cancro através da administração intracelular de nanoclusters de AuNP contemplados por T7, em que os fagos T7 são geneticamente modificados para apresentarem peptídeos de ligação ao ouro e peptídeos direcionados para as células do cancro da próstata na superfície viral [176]. Reproduzido com autorização de Oh, M.H., *et al.*, *Genetically Programmed Clusters of Gold Nanoparticles for Cancer Cell-Targeted Photothermal Therapy*. ACS Applied Materials & Interfaces, 2015. **7**(40): p. 22578-22586. Direitos de autor (2015) Sociedade Americana de Química.

Um outro relatório muito recente, M. H. Oh *et al.* 2015, refere a possibilidade de efetuar a engenharia genética das proteínas presentes no capsídeo do bacteriófago T7, resultando na formação de um modelo multifuncional que apresenta tanto o péptido de ligação PC3 como o péptido de ligação ao ouro e o fago serve de nanocarreador. Deste modo, as nanopartículas de ouro são automontadas e atraídas para formar aglomerados de 70 nanopartículas por fago, com uma funcionalidade estável e específica apenas para as células cancerosas da próstata, Figura 34 [176].

8. Aplicações das nanopartículas de ouro na administração controlada de medicamentos

Atualmente, as nanopartículas utilizadas como transportadores de fármacos são partículas biodegradáveis [177], mais pequenas do que 1 pm [178], com uma toxicidade mínima e uma vida prolongada na corrente sanguínea devido à sua possibilidade de evitar a depuração pelos fagócitos, sendo assim superiores, em muitos aspectos, aos sistemas convencionais de administração de fármacos. Os novos sistemas de administração de fármacos (DDS) são concebidos com propriedades bem definidas, o que lhes confere a vantagem de uma taxa controlada de administração de fármacos na célula ou tecido visado. Por outro lado, estes sistemas controlam também a cinética, a biodistribuição e a libertação do próprio fármaco associado.

Há muitos factores envolvidos na conceção de um sistema de administração de medicamentos. Inicialmente, para uma administração eficaz, as barreiras biológicas devem ser ultrapassadas, pelo que as estratégias seguidas para conceber um sistema de administração de fármacos estão relacionadas com a via de administração, como a oral, a inalação ou a injeção, e as nanopartículas concebidas devem ter os atributos necessários para cada caso. Por exemplo, no caso da administração oral, o sistema de libertação de fármacos deve apresentar propriedades de estabilidade para resistir às difíceis condições do sistema digestivo e, ao mesmo tempo, visar especificamente o local de entrada necessário, ao passo que, no caso dos transportadores inalados, o tamanho desempenha um papel determinante na sua libertação pulmonar. Se o DDS tiver de ser administrado diretamente na corrente sanguínea para uma circulação prolongada, as células fagocíticas do RES (sistema reticuloendotelial) devem ser evitadas [179-181].

A morfologia e a superfície das nanopartículas utilizadas como transportadores de fármacos influenciam o método de incorporação do fármaco, pelo que representam outro fator importante na conceção de um sistema de distribuição. Por exemplo, nas nanopartículas metálicas esféricas, o fármaco pode ser dissolvido, absorvido ou disperso na sua matriz através de interações não covalentes, ao passo que nas nanocápsulas o fármaco fica restrito a um núcleo.

Noutros modelos, o fármaco pode estar ligado à nanopartícula através de um ligando covalente [179]. Para além da morfologia, o tamanho também desempenha um papel importante. As nanopartículas pequenas, entre 10 e 200 nm [180], têm a capacidade de penetrar mesmo nos vasos mais pequenos e de evitar as células fagocíticas [177].

Se forem utilizados transportadores de maiores dimensões, os fagócitos da MPS têm de ser primeiro saturados com transportadores chamarizes e, em seguida, injectados os grandes transportadores terapêuticos [180]. No entanto, o tamanho e a forma das nanopartículas estão claramente correlacionados com a biodistribuição, a internalização e a depuração dos transportadores de fármacos [179]. Por exemplo, um transportador fantasma de hemácias foi descrito por A. Sawdon *et al.* como uma abordagem biomimética para escapar à resposta imunitária [180].

A segmentação dos tumores pode ser alcançada através das duas principais estratégias de segmentação passiva e ativa [177-183]. O crescimento tumoral está associado à neoangiogénese, na qual se formam novos vasos sanguíneos, com fugas e altamente permeáveis, para levar os nutrientes e o oxigénio às novas células que se formam rapidamente, criando assim uma diferença fisiológica entre os tecidos doentes e saudáveis [183, 184]. Na segmentação passiva, as nanopartículas podem difundir-se e aceder aos locais tumorais numa gama mais elevada do que no tecido normal devido a esta difusão fisiológica ou ao fenómeno de permeação e retenção melhoradas (EPR) que apresentam [182, 185-188]. No tratamento do cancro, a orientação passiva desempenha o papel mais importante devido à necessidade de evitar a exposição das células saudáveis. Para a orientação ativa, a grande área de superfície das nanopartículas [185, 189] é pré-carregada com partículas do fármaco visado [190, 191] e funcionalizada com ligandos de superfície que são altamente atraídos por receptores tumorais específicos [183].

A absorção molecular eficaz das partículas depende da seleção precisa do ligando utilizado, que deve proporcionar afinidade, especificidade e estabilidade aos sistemas de transporte. Por exemplo, os peptídeos, as proteínas, os glicolípidos, os polissacáridos e os anticorpos são utilizados como ligandos na orientação ativa devido ao reconhecimento específico dos antigénios [123, 181].

Atualmente, tem sido utilizada uma grande variedade de nanopartículas como constituintes activos em sistemas de administração dirigida, como lipossomas, etoossomas [184], dendrímeros, micelas poliméricas multifuncionais [177, 178, 192], microesponjas, nanopartículas lipídicas sólidas (SLN), pontos quânticos [184] e nanopartículas metálicas [182, 184].

Os transportadores baseados em células naturais, como virosomas, vírus, células T, células CIK (cytokine-induced killer) e MSCs (células estaminais mesenquimais), foram também utilizados para a deposição terapêutica orientada de vírus oncolíticos [180].

Outro fator muito importante para a eficiência dos transportadores de fármacos é a funcionalização das suas superfícies com moléculas bioactivas, como enzimas, anticorpos ou polímeros protectores, que podem interagir ou ligar-se a receptores celulares [184]. Por exemplo, os sistemas com superfícies funcionalizadas com poli(etilenoglicol) (PEG) ou poli (D,L-lactida-co-glicolida) (PLGA) foram aprovados pela Agência Europeia de Medicamentos e pela FDA [183, 193] para aplicações dérmicas, intravenosas e orais em seres humanos devido à sua biocompatibilidade, tempo de circulação sanguínea prolongado, menor toxicidade e conjugação fácil com moléculas de destino [180].

A carga superficial do nanocarreador também desempenha um papel importante, uma vez que as nanopartículas com carga positiva apresentam uma maior internalização devido às interações iónicas entre elas e as membranas celulares, que são carregadas negativamente [123]. Muitos mecanismos diferentes contribuem para a internalização celular dos sistemas de libertação de fármacos, mas o mais significativo é o mecanismo de endocitose mediada por receptores [123, 184].

Quando o sistema atinge a célula-alvo, o fármaco pode ser libertado por dois métodos: libertação direta do sistema utilizado como transportador ou por absorção celular do sistema transportador seguida de libertação lenta do fármaco [184].

De entre os muitos compostos utilizados como nanocarreadores, as nanopartículas de ouro apresentam um transporte seletivo de fármacos devido à elevada capacidade de funcionalização com diferentes ligandos específicos.

Quando funcionalizadas com moléculas específicas, apresentam atividade antibacteriana e anticancerígena. Como parte de sistemas de administração de fármacos, oferecem uma grande densidade de fármacos administrados devido à grande superfície em relação ao volume. As nanopartículas de ouro funcionalizadas com polietilenoglicol e seus derivados podem direcionar diferentes biomoléculas ou fármacos para organelos e tipos de células específicos [182]. A absorção celular das nanopartículas de ouro pode seguir vias principais, como a fagocitose e a endocitose mediada por receptores ou em fase fluida [194].

As nanopartículas de ouro provaram ser adequadas para a administração de fármacos a alvos específicos, mesmo em situações em que os fármacos livres ou outras moléculas não conseguem penetrar. Por exemplo, a barreira hemato-encefálica (BBB) é uma barreira física aniónica entre o cérebro e os vasos sanguíneos que, em condições saudáveis, restringe fortemente o acesso de certas substâncias, como vírus ou proteínas. Devido à sua carga electronegativa, impede que moléculas aniónicas e neutras deixem de permear um grande número de moléculas catiónicas por neutralização da carga [4].

O tratamento do tumor glioblastoma multiforme (GBM) é limitado tanto pela dose de Radioterapia (RT) que se acumula no organismo como pela ação selectiva da BHE que impede a transferência de fármacos anticancerígenos sistémicos. Entre as neoplasias cerebrais, o glioblastoma multiforme (GBM) é um dos tumores cerebrais primários mais agressivos e disseminados, com tempo de sobrevivência inferior a um ano e métodos de tratamento padrão difíceis, como a quimioterapia, a ressecção cirúrgica e a radioterapia (RT).

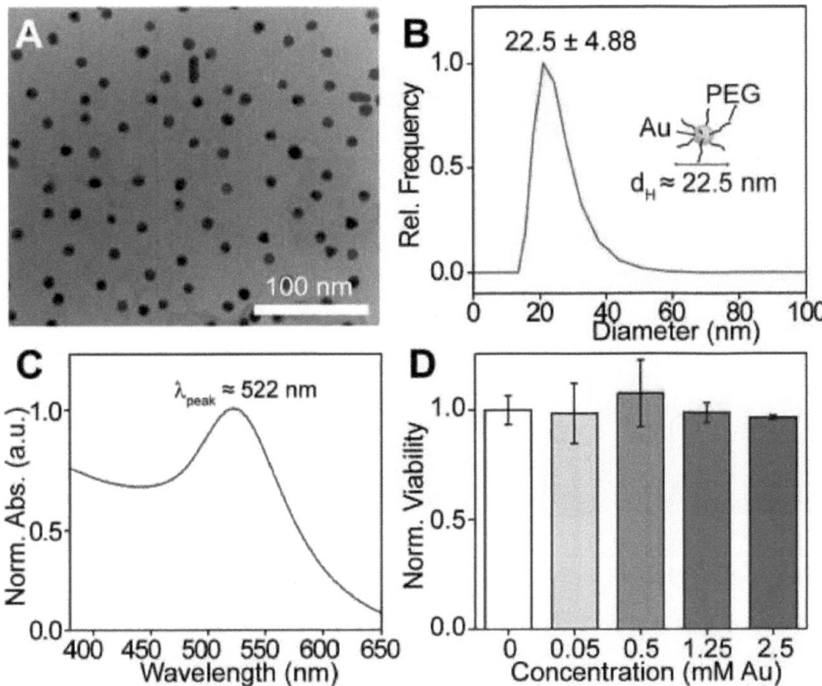

Figura 35. Caracterização de nanopartículas de ouro: **A.** Micrografia eletrónica de transmissão de GNPs com núcleos de aproximadamente 12 nm; **B.** Medição representativa de dispersão dinâmica de luz de GNPs; **C.** Espectro de absorção UV-vis de GNPs mostrando ressonância plasmónica de superfície caraterística em λ ≈ 522 nm; **D.** Ensaio de viabilidade MTT de células U251 tratadas com concentrações crescentes de GNPs durante 24 horas. Barras de erro, viabilidade média ± s.d. de três réplicas [195]. Reproduzido de uma fonte de acesso livre.

Em 2013, Daniel Y. Joh *et al.* apresentaram os resultados de um estudo *in vitro* em que a radioterapia reforçada pela presença de nanopartículas de ouro foi utilizada com êxito, resultando numa redução da sobrevivência clonogénica do ADN celular implicado nos tumores GBM.

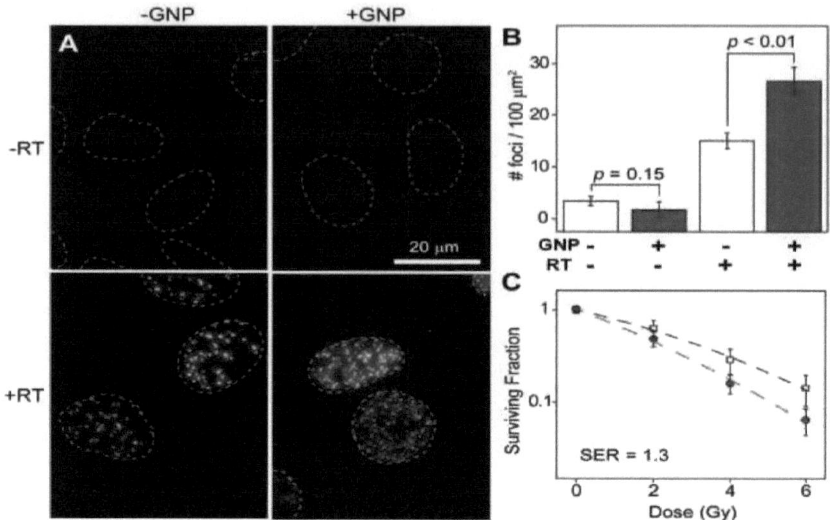

Figura 36. Avaliação do reforço de GNP com ensaios *in vitro* de radiossensibilidade. **A.** Imagens de deconvolução de focos de yh2ax em células U251 que foram irradiadas com mock (em cima) ou irradiadas com 4 Gy (em baixo). As células irradiadas com GNPs 1 mM apresentam uma densidade 1,7 vezes superior de focos yh2ax persistentes 24 horas após a RT. **B.** Análise quantitativa dos focos de yh2ax para N >100 núcleos viáveis. Barras de erro, intervalo de confiança de 95%. A significância estatística foi determinada utilizando um *teste t* bicaudal (a=0,05), sendo $p<0,05$ considerado significativo. **C.** Ensaio clonogénico de células U251 tratadas com (círculos vermelhos) e sem (quadrados ocos) GNPs 1 mM e submetidas a doses de radiação de 0, 2, 4 e 6 Gy. As barras de erro representam a sobrevivência média ± s.d. de, pelo menos, quatro réplicas [195]. Reproduzido a partir de uma fonte de acesso livre.

Na experiência, ratinhos nus atímicos fêmeas foram implantados estereotáxicamente com nanopartículas de ouro funcionalizadas com polietilenoglicol, previamente incubadas com células GBM obtidas da linha celular de glioblastoma humano U251. As nanopartículas de ouro foram obtidas pelo método de Turkevich e tinham um núcleo de ouro com diâmetros hidrodinâmicos de 12 nm e 23 nm, Figura 35 [195].

Além disso, as células U251 *in vitro* foram irradiadas e os resultados mostraram que a radiação por si só e as nanopartículas de ouro na ausência de irradiação não podiam induzir danos no ADN.

Apenas na presença de ambos os factores: a irradiação de uma forma dependente da dose e as nanopartículas de ouro peguiladas conduziram a um aumento dos danos nas células GBM, Figura 36 [195].

Analisando os dados obtidos a partir de outras experiências com células endoteliais de proveniência cerebral, co-cultivadas *in vitro* com células GBM, os resultados sugeriram que as nanopartículas de ouro são capazes de melhorar a radioterapia induzindo danos no ADN das células tumorais GBM [195].

De seguida, a Figura 37 [195], mostra os sinais bioluminescentes (BLI) do tumor ortotópico U251 de GBM humano em ratinhos em algumas fases da experiência. Como se pode ver, o tumor está localizado no local de inoculação e apresenta os fenótipos caraterísticos do GBM humano.

Em conclusão, os ratinhos que receberam RT associada ao tratamento com nanopartículas de ouro tiveram um tempo médio de sobrevivência mais longo, até 28 dias, menos perda de peso e uma atividade quase normal.

Os resultados sugerem que a rutura da BHE devido à presença do tumor permitiu a permeação das nanopartículas de ouro no cérebro, onde, na presença de estímulos de RT, poderiam levar à destruição das células tumorais e ao aumento da sobrevivência.

O produto com a marca americana "Aurimmune" e com o nome de código CYT-6091, também designado "colloidal gold-bound tumor necrosis fator" ou "TNF-bound colloidal gold", é definido pelo National Cancer Institute como um sistema de administração de medicamentos que consiste em TNF recombinante ligado a nanopartículas de ouro coloidal peguiladas com potencial atividade antineoplásica [196].

Atualmente, o "Aurimmune" e o "Auroshell" são dois nanomedicamentos contra o cancro em fase de ensaios clínicos [196], Quadro 1.

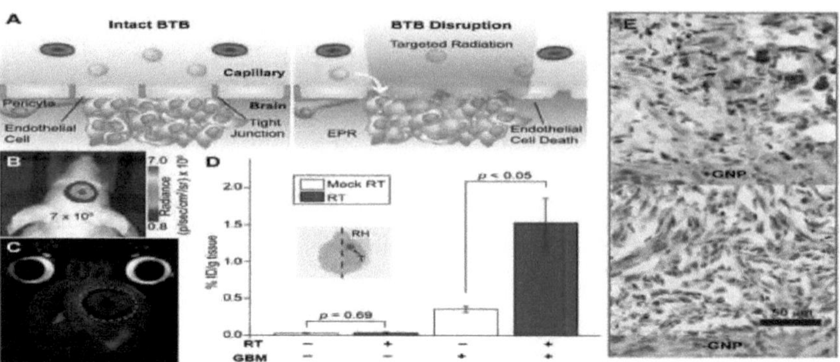

Figura 37. A modulação da barreira hemato-encefálica induzida pela radiação leva a um aumento da absorção de GNPs em xenoenxertos ortotópicos de GBM. **A.** Esquema da rutura da BBB com RT direcionada, que conduz à morte das células endoteliais e ao afrouxamento das junções estreitas. **B.** Imagem BLI representativa de um tumor de GBM mais pequeno e menos perturbador (BLI máximo ~10^6) utilizado nesta experiência. **C.** Imagem de RMN ponderada em T2 de um tumor de GBM intracraniano implantado estereotaxicamente (aproximado pela linha laranja a tracejado). **D.** Análise ICP-MS da captação de ouro nos hemisférios direitos de cérebros saudáveis e de cérebros com GBM ortotópico excisado de ratinhos 48 horas após a injeção i.v. de soro fisiológico ou de 0,4 g Au/kg de GNPs administradas 7-14 dias após 20 Gy RT ou irradiação simulada. Os hemisférios cerebrais direitos dos ratinhos foram inoculados ortotopicamente com 350.000 células U251. Deixou-se que os tumores crescessem até que a irradiância BLI medida atingisse ~10^6 p/sec/cm2/sr (aproximadamente 2 semanas após a implantação), altura em que os ratinhos receberam os respectivos tratamentos. Os cérebros com tumores que receberam RT (n = 4) antes da administração de GNP mostram um aumento significativo da acumulação de ouro por EPR, em comparação com os controlos irradiados com simulacro (n = 4). Contudo, os cérebros saudáveis irradiados (n = 3) e irradiados (n = 3) não apresentam diferenças significativas na captação de ouro, o que sugere que o tecido normal pode recuperar mais rapidamente do que o tumor. **E.** Coloração H/E representativa de secções de tumores ortotópicos com (+) e sem (-) injeção de GNP [195]. Reproduzido de uma fonte de acesso livre.

Quadro 1. Exemplos de nanomedicamentos em ensaios clínicos. (Fonte: Sítio Web da FDA, publicações originais, revisões e sítios Web de empresas farmacêuticas que fornecem/desenvolvem estes medicamentos) [196]. Reproduzido de uma fonte de acesso livre.

Medicamento	Ingrediente ativo	Fabricante	Indicações	Data de aprovação pela FDA/estado do ensaio clínico
Aurimmune (CYT-6091)	TNF-α ligado a nanopartículas de ouro coloidais	Ciências Cytimmune	Cancro da cabeça e do pescoço	**Em fase clínica II**
Auroshell	Nano-cascas de ouro	Nanospectra Biosciences	Terapia com Aurolace do cancro da cabeça e do pescoço	**Em fase clínica I**

9. Conclusões

As nanopartículas de ouro podem ser facilmente obtidas com diferentes formas (nanoesferas, nanobastões, nanoestrelas, naocápsulas, nanocubos, nanocadeias) e tamanhos, e podem ser com ou sem revestimento. Possuem propriedades ópticas extraordinárias devido à ressonância plasmónica de superfície (SPR), que dependem criticamente do tamanho, forma, estrutura e propriedades dieléctricas das partículas e do meio circundante. Estas propriedades ópticas, atribuídas à presença de electrões livres, podem ser facilmente ajustadas para obter o efeito máximo e a qualidade da imagem no infravermelho próximo (NIR) do espetro necessário para estudos *in vivo* com sondas biológicas (sangue, tecidos). Além disso, as nanopartículas de ouro podem ser funcionalizadas, bioconjugadas e estabilizadas com diferentes grupos químicos funcionais ou biomoléculas, a fim de as direcionar para áreas específicas de doenças e permitir-lhes interagir seletivamente com células ou biomoléculas.

Existe uma grande variedade de estratégias para a síntese de nanopartículas de ouro, incluindo modelos químicos ou métodos mais "verdes" como a síntese por microorganismos. Na maioria destes métodos, as nanopartículas de ouro podem ser obtidas com uma distribuição de tamanho e propriedades bem controladas.

Nos últimos anos, as nanopartículas de ouro (GNP) começaram a ser ativamente utilizadas em vários domínios da nanomedicina para fins de diagnóstico e terapêuticos. Neste contexto, a circulação na corrente sanguínea, o comportamento de biodistribuição e os efeitos toxicológicos dos novos nanomateriais de ouro devem ser cuidadosamente avaliados antes da sua utilização clínica efectiva. Através do processo de síntese, as nanopartículas de ouro são concebidas com propriedades precisas para uma atividade e um comportamento específicos. Tal como demonstrado por muitos investigadores, a sua biodistribuição é altamente dependente do tamanho. Após a administração, na presença de constituintes orgânicos do organismo, como as proteínas, ou devido às condições fisiológicas (pH e força iónica), as nanopartículas de ouro podem aglomerar-se, perdendo as propriedades iniciais, afectando os efeitos biológicos e colocando dificuldades de eliminação e riscos crónicos. Assim, para utilizar as GNP com segurança em biomedicina, é necessário um conhecimento pormenorizado das suas propriedades químicas, biocompatibilidade e toxicidade.

É de salientar o grande número de aplicações das nanopartículas de ouro em nanomedicina devido às suas interessantes propriedades químicas, electrónicas e ópticas dependentes do tamanho, à sua excelente estabilidade e biocompatibilidade. As principais aplicações destas nanopartículas estão orientadas em várias direcções principais: agentes antibacterianos, agentes de aumento da taxa de reação para diagnóstico molecular (biomédico) por imagem, biossensores, biossensores electroquímicos, biomarcadores, imunossensores e genossensores. Podem ser utilizados para a deteção do VIH com base no desenvolvimento de um ensaio de amplificação de código biológico baseado em GNP (biobarcode amplification assay-BCA), que pode detetar o antigénio p24 do VIH-1 a níveis de concentração muito baixos, oferecendo um aumento de 100-150 vezes no limite de deteção em relação ao método ELISA tradicional. Atualmente, a imagiologia molecular é um dos campos de investigação mais atractivos e de mais rápido crescimento, no qual as nanopartículas de ouro desempenham um papel importante como agentes imagiológicos. Devido às suas elevadas propriedades de absorção e dispersão, as GNP permitem a imagiologia de tumores, dando a possibilidade de deteção precoce de muitas doenças. Foram utilizados diferentes métodos para a deteção das nanopartículas de ouro, tais como: imagiologia ótica com as duas principais técnicas de imagiologia por fluorescência (FLI) e imagiologia por bioluminescência, imagiologia por ressonância magnética (MRI), ultra-sons (ou ultrassonografia) (US), imagiologia por radionuclídeos (RI), luminescência com reforço de dois fotões (TPL), microscopia de dispersão de campo escuro, tomografia de coerência ótica (OCT), tomografia fotoacústica (PAT), tomografia computorizada de raios X (CT). As novas exigências levantadas pelas aplicações médicas modernas, que implicam a necessidade de uma visualização mais precisa dos tumores em tecidos mais profundos do corpo humano, determinaram que muitos investigadores utilizassem as qualidades benéficas destas nanopartículas em modalidades de imagiologia multimodal. Entre os novos métodos de imagem híbridos, alguns deles, como a PET e a SPECT combinadas com a RM ou a TC, ou a ultrassonografia (US) combinada com a fotoacústica (PA), podem ser ferramentas muito importantes na visualização de sistemas *in vivo*.

Entre as vastas aplicações da nanomedicina, as nanopartículas de ouro têm sido utilizadas com êxito como sistemas de entrega de genes (ADN, ARN) ou de fármacos com libertação controlada de fármacos nas células em vários contextos de investigação diagnóstica e terapêutica. Por último, e o mais importante, também têm sido utilizadas na terapêutica do cancro, que consiste na sua deteção precoce combinada com uma terapia fototérmica e orientada. Nestes métodos, podem ser utilizadas nanopartículas de ouro fotoabsorventes associadas a lasers como fonte de luz na região do infravermelho próximo para melhorar a imagiologia e os efeitos fototérmicos. O calor local gerado conduz a danos locais no tumor, deixando a parte saudável do tecido inalterada. Quando são necessários mais agentes terapêuticos, os nanobastões e as nano-cascas de ouro são preferencialmente utilizados em nanosistemas eficientes baseados em nanopartículas de ouro que apresentam um elevado efeito fototérmico e que são carregadas com um polímero de fármaco inteligente utilizado como agente quimioterapêutico incorporado em nanopartículas de PLGA para a sua entrega segura e direcionada no local terapêutico.

Referências

1. Cai, W., et al., *Applications of gold nanoparticles in cancer nanotechnology.* Nanotecnologia, ciência e aplicações, 2008. **2008**(1): p. 10.2147/NSA.S3788.

2. Liu, Z., F. Kiessling, e J. Gatjens, *Advanced Nanomaterials in Multimodal Imaging: Design, Functionalization, and Biomedical Applications.* Journal ofNanomaterials, 2010. **2010**(2): p. 15.

3. Li, X., et al., *A utilização de fibras ou tubos nanométricos para melhorar a biocompatibilidade e a bioatividade de materiais biomédicos.* J. Nanomaterials, 2013. **2013**(6): p. 14-14.

4. Buzea, C., 1.1. Pacheco, e K. Robbie, *Nanomaterials and nanoparticles: Sources and toxicity.* Biointerphases, 2007. **2**(7): p. MR17-MR71.

5. Khlebtsov, N. e L. Dykman, *Biodistribuição e toxicidade de nanopartículas de ouro projectadas: uma revisão de estudos in vitro e in vivo.* Chemical Society Reviews, 2011.**40**(3): p. 1647-1671.

6. Zhou, J., et al., *Fabrication of Gold Nanochains with Octreotide Acetate Template.* Journal ofNanomaterials, 2013. **2013**: p. 9.

7. Lasagna-Reeves, C., et al., *Bioacumulação e toxicidade de nanopartículas de ouro após administração repetida em ratos.* Biochemical and Biophysical Research Communications, 2010. **393**(4): p. 649655.

8. Kumar, A., B. Mazinder Boruah, e X.-J. Liang, *Gold Nanoparticles: Promising Nanomaterials for the Diagnosis of Cancer and HIV/AIDS.* Journal of Nanomaterials, 2011. **2011**: p. 17.

9. Li, X., et al., *Biosíntese de nanopartículas por microorganismos e suas aplicações.* Journal of Nanomaterials, 2011.**2011**: p. 16.

10. Patra, J.K. e K.-H. Baek, *Green Nanobiotechnology: Fatores que afetam as técnicas de síntese e caraterização.* Journal of Nanomaterials, 2014. **2014**: p. 12.

11. Charu, G. e R.P.S.C. Dhan Prakash, *Avanços metodológicos na nanotecnologia verde e suas aplicações na síntese biológica de nanopartículas de ervas.* Revista Internacional de Bioensaios; Vol 1,No07 (2012), 2012.

12. Prevo, B.G., et al., *Scalable routes to gold nanoshells with tunable sizes and*

response to near-infrared pulsed-laser irradiation. Small (Weinheim an der Bergstrasse, Alemanha), 2008. **4**(8): p. 11831195.

13. Batista, P., et al., *Nanopartículas de ouro para o desenvolvimento de métodos de diagnóstico clínico.* Analytical and Bioanalytical Chemistry, 2008. **391**(3): p. 943-950.

14. Li, X., et al., *Biocompatibility and Toxicity of Nanoparticles and Nanotubes (Biocompatibilidade e toxicidade de nanopartículas e nanotubos).* Journal of Nanomaterials, 2012. **2012**: p. 19.

15. Rayavarapu, R.G., et al., *Synthesis and Bioconjugation of Gold Nanoparticles as Potential Molecular Probes for Light-Based Imaging Techniques.* International Journal of Biomedical Imaging, 2007. **2007**: p. 10.

16. Zhang, Y., et al., *Effect of Size, Shape, and Surface Modification on Cytotoxicity of Gold Nanoparticles to Human HEp-2 and Canine MDCK Cells.* Journal of Nanomaterials, 2012. **2012**: p. 7.

17. Ma, Z., et al., *Applications of gold nanorods in biomedical imaging and related fields.* Boletim Científico Chinês, 2013. **58**(21): p. 25302536.

18. Koeppl, S., et al., *Towards a Reproducible Synthesis of High Aspect Ratio Gold Nanorods.* Journal of Nanomaterials, 2011. **2011**: p. 13.

19. Wang, H., et al., *Facile preparation of gold nanocages and hollow gold nanospheres via solvent thermal treatment and their surface plasmon resonance and photothermal properties.* Journal of Colloid and Interface Science, 2015. **440**: p. 236-244.

20. de la Presa, P., et al., *Gold Nanoparticles Generated in Ethosome Bilayers, As Revealed by Cryo-Electron-Tomography.* The Journal of Physical Chemistry B, 2009.**113**(10): p. 3051-3057.

21. Nayak, U.K.P.P.L., *Biomedical Applications of Gold Nanoparticles: Opportunity and Challenges.* World Journal of Nano Science & Technology, 2012.**1**(2): p. 16.

22. Vijayakumar, S. e S. Ganesan, *Ensaio de Citotoxicidade In Vitro em Nanopartículas de Ouro com Diferentes Agentes Estabilizadores.* Journal of Nanomaterials, 2012. **2012**: p. 9.

23. Verma, H.N.P.S.C., R. M., *Gold nanoparticle: synthesis and characterization.* Mundo Veterinário, 2014. **7**: p. 72-77.

24. KUMAR, D., et al., *Controlling the size and size distribution of gold nanoparticles: a design of experiment study.* International Journal of Nanoscience, 2012. **11**(02): p. 1250023.

25. Wang, A., et al., *Gold nanoparticles: synthesis, stability test, and application for the rice growth.* Journal of Nanomaterials, 2014. **2014**: p. 6.

26. Sau, T., et al., *Size Controlled Synthesis of Gold Nanoparticles using Photochemically Prepared Seed Particles.* Journal of Nanoparticle Research, 2001.**3**(4): p. 257-261.

27. Kim, Y.-G., S.-K. Oh, e R.M. Crooks, *Preparação e Caracterização de Nanopartículas de Ouro de 1-2 nm Encapsuladas em Dendrímero com Distribuições de Tamanho Muito Estreitas.* Chemistry of Materials, 2004.**16**(1): p. 167-172.

28. Esumi, K., et al., *Preparation of Gold Colloids with UV Irradiation Using Dendrimers as Stabilizer.* Langmuir, 1998. **14**(12): p. 31573159.

29. Manna, A., et al., *Synthesis of Dendrimer-Passivated Noble Metal Nanoparticles in a Polar Medium: Comparação de tamanho entre partículas de prata e ouro.* Química dos Materiais, 2001. **13**(5): p. 1674-1681.

30. Xiangyang, S., et al., *Characterization of crystalline dendrimer- stabilized gold nanoparticles.* Nanotecnologia, 2006. **17**(4): p. 1072.

31. Yuan, J.-J., et al., *Facile synthesis of highly biocompatible poly(2-(methacryloyloxy)ethyl phosphorylcholine)-coated gold nanoparticles in aqueous solution.* Langmuir, 2006. **22**(26): p. 11022-11027.

32. Giersig, M. e P. Mulvaney, *Preparation of ordered colloid monolayers by electrophoretic deposition.* Langmuir, 1993. **9**(12): p. 3408-3413.

33. Brust, M., et al., *Synthesis of thiol-derivatised gold nanoparticles in a two-phase Liquid-Liquid system.* Journal of the Chemical Society, Chemical Communications, 1994(7): p. 801-802.

34. Goia, D.V., *Preparação e mecanismos de formação de partículas metálicas uniformes em soluções homogéneas.* Journal of Materials Chemistry, 2004.

14(4): p. 451-458.

35. Kim, F., J.H. Song, e P. Yang, *Photochemical Synthesis of Gold Nanorods.* Journal of the American Chemical Society, 2002. **124**(48): p. 14316-14317.

36. Jana, N.R., L. Gearheart, e C.J. Murphy, *Wet Chemical Synthesis of High Aspect Ratio Cylindrical Gold Nanorods.* The Journal of Physical Chemistry B, 2001.**105**(19): p. 4065-4067.

37. Giannici, F., et al., *The fate of silver ions in the photochemical synthesis of gold nanorods: an Extended X-ray Absorption Fine Structure Analysis.* Dalton Transactions, 2009(46): p. 1036710374.

38. Mieszawska, A.J. e F.P. Zamborini, *Gold Nanorods Grown Diretly on Surfaces from Microscale Patterns of Gold Seeds.* Chemistry of Materials, 2005.**17**(13): p. 3415-3420.

39. Jacques, S. e L. Wang, *Monte Carlo Modeling of Light Transport in Tissues*, em *Optical-Thermal Response of Laser-Irradiated Tissue*, A. Welch e M.C. Van Gemert, Editores. 1995, Springer US. p. 73-100.

40. van der Zande, B.M.I., et al., *Aqueous Gold Sols of Rod-Shaped Particles.* The Journal of Physical Chemistry B, 1997. **101**(6): p. 852-854.

41. Ahmed, M. e R. Narain, *Rapid Synthesis of Gold Nanorods Using a One-Step Photochemical Strategy.* Langmuir, 2010. **26**(23): p. 18392-18399.

42. McGilvray, K.L., et al., *Facile Photochemical Synthesis of Unprotected Aqueous Gold Nanoparticles.* Journal of the American Chemical Society, 2006.**128**(50): p. 15980-15981.

43. Wadams, R.C., et al., *Suscetibilidade Dependente do Tempo do Crescimento de Nanobastões de Ouro à Adição de um Cosurfactante.* Química dos Materiais, 2013. **25**(23): p. 4772-4780.

44. Placido, T., et al., *Photochemical Synthesis of Water-Soluble Gold Nanorods: O papel da prata na assistência ao crescimento anisotrópico.* Química dos Materiais, 2009. **21**(18): p. 4192-4202.

45. Nikoobakht, B. e M.A. El-Sayed, *Preparação e Mecanismo de Crescimento de Nanobastões de Ouro (NRs) Utilizando o Método de Crescimento Mediado por Sementes.* Química dos Materiais, 2003.**15**(10): p. 1957-1962.

46. Zhao, J., M. Wallace e M.P. Melancon, *Cancertheranostics with goldnanoshells.* Nanomedicine, 2014. **9**(13): p. 2041-2057.

47. Young, J., E. Figueroa, e R. Drezek, *Tunable Nanostructures as Photothermal Theranostic Agents.* Anais de Engenharia Biomédica, 2012. **40**(2): p. 438-459.

48. Erickson, T.A. e J.W. Tunnell, *Gold Nanoshells in Biomedical Applications*, em *Nanotechnologies for the Life Sciences.* 2007, Wiley-VCH Verlag GmbH & Co. KGaA.

49. S.J. Oldenburg, R.D.A., S.L. Westcott, N.J. Halas, *Nanoengenharia de ressonâncias ópticas.* Chemical Physics Letters, 1998. **288**: p. 243-247.

50. West, J.L., et al., *Metal nanoshells for biosensing applications.* 2004, Google Patents.

51. Stober, W., A. Fink, e E. Bohn, *Controlled growth of monodisperse silica spheres in the micron size range.* Journal of Colloid and Interface Science, 1968. **26**(1): p. 62-69.

52. Averitt, R.D., S.L. Westcott, e N.J. Halas, *Linear optical properties of gold nanoshells.* Journal of the Optical Society of America B, 1999. **16**(10): p. 1824-1832.

53. Yong, K.-T., et al., *Synthesis andplasmonic properties ofsilverand gold nanoshells on polystyrene cores of different size and of goldsilver core-shell nanostructures.* Colloids and Surfaces A: Physicochemical and Engineering Aspects, 2006. **290**(1-3): p. 89105.

54. Pham, T., et al., *Preparation and Characterization of Gold Nanoshells Coated with Self-Assembled Monolayers.* Langmuir, 2002. **18**(12): p. 4915-4920.

55. West, J.L., et al., *Temperature-sensitive polymer/nanoshell composites for photothermally modulated drug delivery.* 2002, Google Patents.

56. West, J.L., et al., *Optically-absorbing nanoparticles for enhanced tissue repair.* 2004, Google Patents.

57. Sauerbeck, C., et al., *Shedding Light on the Growth of Gold Nanoshells.* ACS Nano, 2014. **8**(3): p. 3088-3096.

58. Sun, H., et al., *GdIII functionalized gold nanorods for multimodal imaging applications.* Nanoscale, 2011. **3**(5): p. 1990-1996.

59. Sun, Y., B.T. Mayers e Y. Xia, *Template-Engaged Replacement Reaction: A One-Step Approach to the Large-Scale Synthesis of Metal Nanostructures with Hollow Interiors.* Nano Letters, 2002. **2**(5): p. 481-485.

60. Xia, X. e Y. Xia, *Gold nanocages as multifunctional materials for nanomedicine.* Frontiers ofPhysics, 2014. **9**(3): p. 378-384.

61. Boote, B., H. Byun, e J.-H. Kim, *síntese one-pot de várias nanopartículas bimetálicas Ag-Au com propriedades de absorção sintonizáveis à temperatura ambiente.* Boletim do Ouro, 2013. **46**(3): p. 185-193.

62. Suzuki, D. e H. Kawaguchi, *Gold Nanoparticle Localization at the Core Surface by Using Thermosensitive Core-Shell Particles as a Template.* Langmuir, 2005. **21**(25): p. 12016-12024.

63. Chen, J., et al., *Facile Synthesis of Gold-Silver Nanocages with Controllable Pores on the Surface.* Journal of the American Chemical Society, 2006.**128**(46): p. 14776-14777.

64. Skrabalak, S.E., et al., *Gold Nanocages: Synthesis, Properties, and Applications.* Contas de Pesquisa Química, 2008. **41**(12): p. 1587-1595.

65. Yavuz, M.S., et al., *Gold nanocages covered by smart polymers for controlled release with near-infrared light.* Nat Mater, 2009. **8**(12): p. 935-939.

66. Yan, Z., Y. Wu e J. Di, *Formation of substrate-based gold nanocage chains through dealloying with nitric acid.* Beilstein Journal of Nanotechnology, 2015. **6**: p. 1362-1368.

67. Nune, S.K., et al., *Green Nanotechnology from Tea: Phytochemicals in Tea as Building Blocks for Production of Biocompatible Gold Nanoparticles.* Journal of materials chemistry, 2009. **19**(19): p. 2912-2920.

68. Kumaraguru, M.S.S.M.A.K., *Nanoparticles: A New Technology with Wide Applications.* Research Journal of Nanoscience and Nanotechnology, 2011.**1**(1): p. 11.

69. http://www.epa.gov/ (EPA), U.S.E.P.A., *Basics of Green Chemistry,* acedido em 6 de dezembro de 2015.

70. Kharissova, O.V., et al., *The greener synthesis of nanoparticles.* Tendências em Biotecnologia, 2013. **31**(4): p. 240-248.

71. Mohanpuria, P., N. Rana e S. Yadav, *Biosynthesis of nanoparticles: technological concepts and future applications.* Journal of Nanoparticle Research, 2008.**10**(3): p. 507-517.

72. Shedbalkar, U., et al., *Microbial synthesis of gold nanoparticles: Estado atual e perspectivas futuras.* Avanços em Ciência Coloidal e de Interface, 2014. **209**: p. 40-48.

73. Magdi, H. e B. Bhushan, *Biossíntese extracelular e caraterização de nanopartículas de ouro usando o fungo Penicillium chrysogenum.* Microsystem Technologies, 2015. **21**(10): p. 22792285.

74. Zhang, X., et al., *Synthesis of nanoparticles by microorganisms and their application in enhancing microbiological reaction rates.* Chemosphere, 2011. **82**(4): p. 489-494.

75. Wadhwani, S., et al., *Novel polyhedral gold nanoparticles: green synthesis, optimization and characterization by environmental isolate of Acinetobacter sp. SW30.* Revista Mundial de Microbiologia e Biotecnologia, 2014. **30**(10): p. 2723-2731.

76. Sriram, M., K. Kalishwaralal, e S. Gurunathan, *Biossíntese de Nanopartículas de Prata e Ouro Usando Bacillus licheniformis*, em *Nanopartículas em Biologia e Medicina*, M. Soloviev, Editor. 2012, Humana Press. p. 33-43.

77. Habeeb, M.K., *Biosíntese de nanopartículas por microorganismos e suas aplicações.* Revista Internacional de Investigação Científica e Técnica Avançada 2013.

78. Southam, G. e T.J. Beveridge, *The occurrence of sulfur and phosphorus within bacterially derived crystalline and pseudocrystalline octahedral gold formed in vitro.* Geochimica et Cosmochimica Ata, 1996. **60**(22): p. 4369-4376.

79. Southam, G. e T.J. Beveridge, *The in vitro formation of placer gold by bacteria.* Geochimica et Cosmochimica Ata, 1994. **58**(20): p. 4527-4530.

80. Zeigler, D.R., et al., *The Origins of 168, W23, and Other Bacillus subtilis Legacy Strains.* Journal of Bacteriology, 2008. **190**(21): p. 6983-6995.

81. Lengke, M. e G. Southam, *Bioaccumulation of gold by sulfatereducing bacteria cultured in the presence of gold(I)-thiosulfate complex.* Geochimica et

Cosmochimica Ata, 2006. **70**(14): p. 3646-3661.

82. Lengke, M.F., M.E. Fleet, e G. Southam, *Morphology of Gold Nanoparticles Synthesized by Filamentous Cyanobacteria from Gold(I)-Thiosulfate and Gold(III)-Chloride Complexes.* Langmuir, 2006. **22**(6): p. 2780-2787.

83. Priyabrata Mukherjee, A.A., Deendayal Mandal, Satyajyoti Senapati, Deendayal Mandal, Satyajyoti Senapati, Sudhakar R. Sainkar, Mohammad I. Khan, R. Ramani, Renu Parischa, P. V.
Ajayakumar, Mansoor Alam, Murali Sastry,* e Rajiv Kumar, *Bioredução de iões AuCl4y pelo fungo Verticillium sp. e aprisionamento na superfície das nanopartículas de ouro formadas.* Angewandte, 2001: p. 4.

84. Thakker, J.N., P. Dalwadi, e P.C. Dhandhukia, *Biossíntese de Nanopartículas de Ouro Utilizando Fusarium oxysporum f. sp. cubense JT1, um Fungo Patogénico de Plantas.* ISRN Biotechnology, 2013. **2013**: p. 5.

85. Rashmi Sanghi, P.V., Sadhna Puri *Enzymatic Formation of Gold Nanoparticles Using Phanerochaete Chrysosporium.* Avanços em Engenharia Química e Ciência, 2011. **1**(3).

86. Mishra, A., S.K. Tripathy, e S.-I. Yun, *Bio-Síntese de Nanopartículas de Ouro e Prata de Candida guilliermondii e seu Efeito Antimicrobiano Contra Bactérias Patogénicas.* Journal of Nanoscience and Nanotechnology, 2011.**11**(1): p. 243-248.

87. Pimprikar, P.S., et al., *Influência da biomassa e da concentração de sal de ouro na síntese de nanopartículas pela levedura marinha tropical Yarrowia lipolytica NCIM 3589.* Colloids and Surfaces B: Biointerfaces, 2009. **74**(1): p. 309-316.

88. Agnihotri, M., et al., *Biosynthesis of gold nanoparticles by the tropical marine yeast Yarrowia lipolytica NCIM 3589.* Materials Letters, 2009. **63**(15): p. 1231-1234.

89. Ahmad, A., et al., *Extracellular Biosynthesis of Monodisperse Gold Nanoparticles by a Novel Extremophilic Actinomycete, Thermomonospora sp.* Langmuir, 2003.**19**(8): p. 3550-3553.

90. Absar, A., et al., *Intracellular synthesis of gold nanoparticles by a novel alkalotolerant actinomycete, Rhodococcus species.* Nanotechnology,

2003.**14**(7): p. 824.

91. Kalabegishvili, T., et al., *Synthesis of gold and silver nanoparticles bysome microorganisms.* Nano Studies, 2012: p. 5-14.

92. Singaravelu, G., et al., *A novel extracellular synthesis of monodisperse gold nanoparticles using marine alga, Sargassum wightii Greville.* Colloids and Surfaces B: Biointerfaces, 2007. **57**(1): p. 97-101.

93. Xie, J., et al., *Identification of Active Biomolecules in the High-Yield Synthesis of Single-Crystalline Gold Nanoplates in Algal Solutions [Identificação de Biomoléculas Activas na Síntese de Alto Rendimento de Nanoplacas de Ouro Monocristalinas em Soluções de Algas].* Small, 2007. **3**(4): p. 672-682.

94. Govindaraju, K., et al., *Nanopartículas de prata, ouro e bimetálicas utilizando a proteína unicelular (Spirulina platensis) Geitler.* Journal of Materials Science, 2008. **43**(15): p. 5115-5122.

95. Gnanamangai, B.M. e P.P. Ponnusamy, *Biosíntese de nanopartículas de ouro e prata para estabilidade e prazo de validade prolongado de actividades antagonistas.* 2012, Google Patents.

96. Dakshinamurthy, R. e S. Sahi, *Monodisperse gold nanoparticles and facile, environmentally favorable process fortheir manufacture.* 2012, Google Patents.

97. Kang, S.K., D.H. Kim, and J.R. Choi, *Method for producing metal nanoparticles, ink composition using the same and method for producing the same.* 2014, Google Patents.

98. Canizal, G., et al., *Multiple Twinned Gold Nanorods Grown by Bioreduction Techniques.* Journal of Nanoparticle Research, 2001. **3**(5-6): p. 475-481.

99. Cabrera, F., et al., *Green Synthesis of Gold Nanoparticles with Self-Sustained Natural Rubber Membranes.* Journal of Nanomaterials, 2013. **2013**: p. 10.

100. Elia, P., et al., *Green synthesis of gold nanoparticles using plant extracts as reducing agents.* Jornal Internacional de Nanomedicina, 2014. **9**: p. 4007-4021.

101. Radloff, C., et al., *Metal Nanoshell Assembly on a Virus Bioscaffold.* Nano Letters, 2005. **5**(6): p. 1187-1191.

102. Anshup, et al., *Growth of Gold Nanoparticles in Human Cells [Crescimento de nanopartículas de ouro em células humanas].* Langmuir, 2005. **21**(25): p. 11562-11567.

103. Chow, G.M., et al., *Phospholipid Mediated Synthesis and Characterization of Gold Nanoparticles.* Journal of Colloid and Interface Science, 1996.**183**(1): p. 135-142.

104. Regev, O., R. Backov e C. Faure, *Gold Nanoparticles Spontaneously Generated in Onion-Type Multilamellar Vesicles. Acoplamento de bicamadas-partículas imaginado por Cryo-TEM.* Química dos Materiais, 2004. **16**(25): p. 5280-5285.

105. Pluchery, C.L.O., *Gold Nanoparticles in the Past: Before the NanotechnologyEra.* Imperial College Press, 2012.

106. Hong, Y., et al., *Nanobiosensors Based on Localized Surface Plasmon Resonance for Biomarker Detection.* Journal of Nanomaterials, 2012. **2012**: p. 13.

107. Spivak, M.Y., et al., *Gold nanoparticles - the theranostic challenge for PPPM: nanocardiology application.* The EPMA Journal, 2013. **4**(1): p. 18-18.

108. Lin, A.W.H., et al., *Optically tunable nanoparticle contrast agents for early cancer detection: model-based analysis of gold nanoshells.* Journal of Biomedical Optics, 2005. **10**(8): p. 064035064035-10.

109. Loo, C., et al., *Nanoshell-Enabled Photonics-Based Imaging and Therapy of Cancer.* Technology in Cancer Research & Treatment, 2004. **3**(1): p. 33-40.

110. Tuersun, P., X.e. Han e K.F. Ren, *Propriedades de retrodifusão de nano-cascas de ouro: Análise quantitativa e otimização para imagens biológicas.* Procedia Engineering, 2015. **102**(10): p. 15111519.

111. L. H. Wang, S.L.J., L. Q. Zheng, *Modelação MCML-Monte Carlo do transporte de fotões em tecidos multicamadas.* Comput. Methods Programs Biomed, 1995. **47**: p. 131-146.

112. C. Zhu, Q.L., *Revisão da modelação de Monte Carlo do transporte de luz nos tecidos.* Ótica Biomédica, 2013.**18**(5).

113. Ruikang, K.W., *Signal degradation by multiple scattering in optical coherence tomography of dense tissue: a Monte Carlo study towards optical clearing of*

biotissues. Physics in Medicine and Biology, 2002. **47**(13): p. 2281.

114. Ren, S., et al., *Molecular Optical Simulation Environment (MOSE): Uma Plataforma para a Simulação da Propagação da Luz em Meios Turvos.* PLoS ONE, 2013. **8**(4): p. e61304.

115. Bellah, M.M., S.M. Christensen, e S.M. Iqbal, *Nanostructures for Medical Diagnostics.* Journal ofNanomaterials, 2012. **2012**.

116. Zhang, G., et al., *Gold/Chitosan Nanocomposites with Specific Near Infrared Absorption for Photothermal Therapy Applications [Nanocompósitos de ouro/quitosano com absorção específica no infravermelho próximo para aplicações em terapia fototérmica].* Journal of Nanomaterials, 2012. **2012**: p. 9.

117. Gliddon, H.D., *Biofunctionalised nanomaterials in medical diagnostics: Hope and applications for the future.* Imperial AC.UK, 2012: p. 4.

118. DeLong, R.K., et al., *Functionalized gold nanoparticles for the binding, stabilization, and delivery of therapeutic DNA, RNA, and other biological macromolecules.* Nanotecnologia, Ciência e Aplicações, 2010. **3**: p. 53-63.

119. Hu, B., et al., *Deteção cromogénica selectiva de biomoléculas que contêm tiol, utilizando nanoesferas carbonosas carregadas com nanopartículas de prata como transportador.* ACS Nano, 2011. **5**(4): p. 31663171.

120. Xu, H., et al., *Aptamer-Functionalized Gold Nanoparticles as Probes in a Dry-Reagent Strip Biosensor for Protein Analysis.* Analytical Chemistry, 2009. **81**(2): p. 669-675.

121. Wu, R., et al., *Uma rota fácil para adaptar nanopartículas de ouro estabilizadas por peptídeos usando glutationa como um Synthon.* Molecules, 2014. **19**(5): p. 6754.

122. Wang, Y.J., et al. *Partículas de PLGA/PFC carregadas com nanopartículas de ouro como agentes de contraste duplos para imagiologia fotoacústica e de ultra-sons.* 2014.

123. Danhier, F., et al., *Nanopartículas à base de PLGA: An overview of biomedical applications.* Jornal de Libertação Controlada, 2012. **161**(2): p. 505-522.

124. Niidome, T., et al., *PEG-modified gold nanorods with a stealth character for in*

vivo applications. Journal of Controlled Release, 2006. **114**(3): p. 343-347.

125. Kim, D.H., A. Wei, e Y.-Y. Won, *Preparação de nanobastões de ouro superestáveis via encapsulamento em micelas de copolímero em bloco.* ACS Applied Materials & Interfaces, 2012. **4**(4): p. 1872-1877.

126. Choi, W.I., et al., *Regressão do Tumor In Vivo por Terapia Fototérmica Baseada em Nanocarreadores Funcionais Carregados com Ouro-Nanorod.* ACS Nano, 2011.**5**(3): p. 1995-2003.

127. Takahashi, H., et al., *Surface modification of gold nanorods using layer-by-layer technique for cellular uptake.* Journal of Nanoparticle Research, 2008. **10**(1): p. 221-228.

128. Chen, Y.-S., et al., *Silica-coated Gold Nanorods as Photoacoustic Signal Nano-amplifiers.* Nano letters, 2011.**11**(2): p. 348-354.

129. Piao, J.-G., et al., *Erythrocyte Membrane Is an Alternative Coating to Polyethylene Glycol for Prolonging the Circulation Lifetime of Gold Nanocages for Photothermal Therapy.* ACS Nano, 2014. **8**(10): p. 10414-10425.

130. Waleed, E., *Biocompatibility, Advances in Ceramics - Electric and Magnetic Ceramics, Bioceramics, Ceramics and Environment.* 2011.

131. Zarogouldis, P., et al., *Vectores para terapia genética inalada no cancro do pulmão. Aplicação para nano oncologia e segurança da bio nanotecnologia.* Revista internacional de ciências moleculares, 2012. **13**(9): p. 10828-10862.

132. Nimi, N., W. Paul, e C. Sharma, *estudos de adsorção de proteínas do sangue e compatibilidade de nanopartículas de ouro.* Boletim do Ouro, 2011. **44**(1): p. 15-20.

133. Cho, T.J., et al., *Newkome-Type Dendron-Stabilized Gold Nanoparticles: Síntese, Reatividade e Estabilidade.* Química dos Materiais, 2011.**23**(10): p. 2665-2676.

134. Puvanakrishnan, P., et al., *In vivo tumor targeting of gold nanoparticles: effect of particle type and dosing strategy.* Revista internacional de nanomedicina, 2012. **7**: p. 1251-1258.

135. Shi, S., et al., *Micelas mPEG-PCL-g-PEI auto-montadas para a co-entrega simultânea de fármacos quimioterapêuticos e ADN: síntese e caraterização in*

vitro. International Journal of Nanomedicine, 2012. **7**: p. 1749-1759.

136. Llevot, A. e D. Astruc, *Applications of vectorized gold nanoparticles to the diagnosis and therapy of cancer.* Chemical Society Reviews, 2012. **41**(1): p. 242-257.

137. Roberts, M.S., et al., *Non-invasive imaging of skin physiology and percutaneous penetration using fluorescence spectral and lifetime imaging with multiphoton and confocal microscopy.* European Journal of Pharmaceutics and Biopharmaceutics, 2011. **77**(3): p. 469-488.

138. Xia, X.R., N.A. Monteiro-Riviere, e J.E. Riviere, *Penetração cutânea e cinética de fulerenos pristinos (C60) expostos topicamente em solventes orgânicos industriais.* Toxicologia e Farmacologia Aplicada, 2010. **242**(1): p. 29-37.

139. Pornpattananangkul, D., et al., *Stimuli-Responsive Liposome Fusion Mediated by Gold Nanoparticles.* ACS Nano, 2010. **4**(4): p. 1935-1942.

140. Murphy, C.J., et al., *Gold Nanoparticles in Biology: Beyond Toxicity to Cellular Imaging.* Contas da Investigação Química, 2008. **41**(12): p. 1721-1730.

141. Sonavane, G., et al., *In vitro permeation of gold nanoparticles through rat skin and rat intestine: Efeito do tamanho das partículas.* Colloids and Surfaces B: Biointerfaces, 2008. **65**(1): p. 1-10.

142. Mironava, T., et al., *Gold nanoparticles cellular toxicity and recovery: Effect of size, concentration and exposure time.* Nanotoxicologia, 2010. **4**(1): p. 120-137.

143. Larese, F.F., et al., *Human skin penetration of silver nanoparticles through intact and damaged skin.* Toxicology, 2009. **255**(1-2): p. 33-37.

144. Labouta, H., et al., *Gold Nanoparticle Penetration and Reduced Metabolism in Human Skin by Toluene.* Pharmaceutical Research, 2011.**28**(11): p. 2931-2944.

145. Liu, D.C., et al., *The Human Stratum Corneum Prevents Small Gold Nanoparticle Penetration and Their Potential Toxic Metabolic Consequences [O estrato córneo humano impede a penetração de pequenas nanopartículas de ouro e as suas potenciais consequências metabólicas tóxicas].* Journal of Nanomaterials, 2012. **2012**: p. 8.

146. Derfus, A.M., W.C.W. Chan e S.N. Bhatia, *Intracellular Delivery of Quantum Dots for Live Cell Labeling and Organelle Tracking.* Advanced Materials, 2004. **16**(12): p. 961-966.

147. Sadauskas, E., et al., *Kupffer cells are central in the removal of nanoparticles from the organism.* Particle and Fibre Toxicology, 2007. **4**(1): p. 1-7.

148. Kogan, M.J., et al., *Nanoparticle-Mediated Local and Remote Manipulation of Protein Aggregation.* Nano Letters, 2006. **6**(1): p. 110-115.

149. Olmedo, I., et al., *How Changes in the Sequence ofthe Peptide CLPFFD-NH2 Can Modify the Conjugation and Stability of Gold Nanoparticles and Their Affinity for β-Amyloid Fibrils.* Química de Bioconjugados, 2008. **19**(6): p. 1154-1163.

150. Semmler-Behnke, M., et al., *Biodistribution of 1.4- and 18-nm Gold Particles in Rats [Biodistribuição de partículas de ouro de 1,4 e 18 nm em ratos].* Small, 2008. **4**(12): p. 2108-2111.

151. Kattumuri, V., et al., *Goma arábica como um construto fitoquímico para a estabilização de nanopartículas de ouro: In Vivo Pharmacokinetics and X-ray-Contrast-Imaging Studies.* Small, 2007. **3**(2): p. 333-341.

152. Gonciar, A., *Deteção de Nanopartículas de Ouro Intracelulares.* Biotecnologia, Biologia Molecular e Nanomedicina, 2014. **2**(1): p. 5.

153. Zhao, T., et al., *Fluorescência de Excitação de Dois Fótons Aprimorada por Nanodo de Ouro de Fotossensibilizadores para Imagens de Dois Fótons e Terapia Fotodinâmica.* ACS Applied Materials & Interfaces, 2014. **6**(4): p. 2700-2708.

154. Durr, N.J., et al., *Two-Photon Luminescence Imaging of Cancer Cells Using Molecularly Targeted Gold Nanorods.* Nano Letters, 2007. **7**(4): p. 941-945.

155. Wang, H., et al., *In vitro e in vivo two-photon luminescence imaging of single gold nanorods.* Actas da Academia Nacional das Ciências dos Estados Unidos da América, 2005. **102**(44): p. 15752-15756.

156. Jain, P.K., et al., *Noble Metals on the Nanoscale: Optical and Photothermal Properties and Some Applications in Imaging, Sensing, Biology, and Medicine.* Contas da Investigação Química, 2008. **41**(12): p. 1578-1586.

157. Ding, H., et al., *Gold Nanorods Coated with Multilayer Polyelectrolyte as Contrast Agents for Multimodal Imaging.* The Journal of Physical Chemistry C, 2007. **111**(34): p. 12552-12557.

158. Oldenburg, A.L., et al., *Imaging gold nanorods in excised human breast carcinoma by spectroscopic optical coherence tomography.* Journal of materials chemistry, 2009. **19**: p. 6407.

159. Mehrmohammadi, M., et al., *Photoacoustic Imaging for Cancer Detection and Staging.* Imagem molecular atual, 2013. **2**(1): p. 89-105.

160. Eghtedari, M., et al., *High Sensitivity of In Vivo Detection of Gold Nanorods Using a Laser Optoacoustic Imaging System.* Nano Letters, 2007. **7**(7): p. 1914-1918.

161. Eghtedari, M., et al., *Engineering of hetero-functional gold nanorods for the in-vivo molecular targeting of breast cancer cells.* Nano letters, 2009. **9**(1): p. 287-291.

162. Wang, C., et al. *Nanobastões de ouro revestidos a sílica conjugados com RGD na superfície de nanotubos de carbono para imagiologia fotoacústica direcionada do cancro gástrico.* Cartas de pesquisa em nanoescala, 2014. **9**, 264 DOI: 10.1186/1556-276x-9-264.

163. Kim, S.-H., et al., *Synthesis of PEG-Iodine-Capped Gold Nanoparticles and Their Contrast Enhancement in In Vitro and In Vivo forX-Ray/CT.* Journal of Nanomaterials, 2012. **2012**: p. 9.

164. Luo, T., et al., *Mesoporous silica-coated gold nanorods with embedded indocyanine green for dual mode X-ray CT and NIR fluorescence imaging.* Optics Express, 2011. **19**(18): p. 1703017039.

165. Liu, L., et al., *Application of Gold Nanorods for Plasmonic and Magnetic Imaging of Cancer Cells [Aplicação de Nanobastões de Ouro para Imagiologia Plasmónica e Magnética de Células Cancerígenas].* Plasmonics, 2011. **6**(1): p. 105112.

166. Chunyan, W.F., Ye; Hongfu, Wu; Yong ,Qian, *Depositing Au Nanoparticles onto Graphene Sheets for Simultaneous Electrochemical Detection Ascorbic Acid, Dopamine and Uric Acid.* Jornal Internacional de Ciência Eletroquímica, 2013.

8: p. 8.

167. Mohammed, A.M., et al., *Application of Gold Nanoparticles for Electrochemical DNA Biosensor*. Journal of Nanomaterials, 2014. **2014**: p. 7.

168. Ng, B.Y.C., et al., *Rapid, Single-Cell Electrochemical Detection of Mycobacterium tuberculosis Using Colloidal Gold Nanoparticles*. Analytical Chemistry, 2015. **87**(20): p. 10613-10618.

169. Afonso, A.S., et al., *Deteção eletroquímica de Salmonella usando nanopartículas de ouro*. Biosensors and Bioelectronics, 2013. **40**(1): p. 121-126.

170. Panchapakesan, B., et al., *Gold nanoprobes for theranostics*. Nanomedicine (Londres, Inglaterra), 2011.**6**(10): p. 1787-1811.

171. Hirsch, L.R., et al., *Nanoshell-mediated near-infrared thermal therapy of tumors under magnetic resonance guidance*. Actas da Academia Nacional das Ciências dos Estados Unidos da América, 2003. **100**(23): p. 13549-13554.

172. Qin, Z. e J.C. Bischof, *Respostas termofísicas e biológicas do aquecimento a laser de nanopartículas de ouro*. Chemical Society Reviews, 2012. **41**(3): p. 1191-1217.

173. Sikdar, D., et al., *Effect of number density on optimal design of gold nanoshells for plasmonic photothermal therapy*. Biomedical Optics Express, 2013. **4**(1): p. 15-31.

174. Daoudi, K., et al., *Monitorização bidimensional espácio-temporal da temperatura na terapia fototérmica utilizando a tomografia híbrida de transmissão fotoacústica-ultrassom*. Journal of Biomedical Optics, 2013. **18**(11): p. 116009-116009.

175. Chen, C.H., Y.-J. Wu e J.-J. Chen, *Gold Nanotheranostics: Terapia Fototérmica e Imagiologia de Nanopartículas de Anticorpos Conjugados com Mucina 7 para o Cancro Urotelial*. BioMed Research International, 2015. **2015**: p. 8.

176. Oh, M.H., et al., *Genetically Programmed Clusters of Gold Nanoparticles for Cancer Cell-Targeted Photothermal Therapy [Aglomerados de nanopartículas de ouro geneticamente programados para terapia fototérmica dirigida a células cancerígenas]*. ACS Applied Materials & Interfaces, 2015. **7**(40): p. 22578-

22586.

177. Lutfi, G.G., Dikmen; Gamze, Guney, *Formulation of Nano Drug Delivery Systems.* Ciência e Engenharia de Materiais, 2011. **A1**(4): p. 132-137.

178. Pranshu, T.S., Khurana, *Nanoparticles: potential in cancer therapy.* Revista Internacional de Avanços em Investigação Farmacêutica, 2011.**2**(7): p. 9.

179. Petros, R.A. e J.M. DeSimone, *Strategies in the design of nanoparticles for therapeutic applications.* Nat Rev Drug Discov, 2010. **9**(8): p. 615-627.

180. Sawdon, A. e C.-A. Peng, *Transportadores de drogas biomiméticas antifagocíticas de engenharia.* Therapeutic delivery, 2013. **4**(7): p. 825839.

181. Nie, S., *Understanding and overcoming major barriers in cancer nanomedicine.* Nanomedicine (Londres, Inglaterra), 2010. **5**(4): p. 523-528.

182. Raghavendra, R., et al., *Diagnostics and therapeutic application of Gold nanoparticles.* Revista Internacional de Farmácia e Ciências Farmacêuticas, 2014. **6**(SUPPL. 2): p. 74-87.

183. Oliveira, M., et al., *Estratégias para atingir tumores usando sistemas de nanodispersão baseados em polímeros biodegradáveis, aspectos de propriedade intelectual e mercado.* Journal of Chemical Biology, 2013. **6**(1): p. 7-23.

184. N., M.C., Damge; C., Reis, *Recent Advances in Drug Delivery Systems.* Journal of Biomaterials and Nanobiotechnology, 2011. **2**(4A): p. 9.

185. Parveen, S., R. Misra, and S.K. Sahoo, *Nanoparticles: a boon to drug delivery, therapeutics, diagnostics and imaging.* Nanomedicine: Nanotechnology, Biology and Medicine. **8**(2): p. 147-166.

186. Xu, J., S. Ganesh, e M. Amiji, *Non-condensing polymeric nanoparticles for targeted gene and siRNA delivery.* International Journal of Pharmaceutics, 2012. **427**(1): p. 21-34.

187. Liang, C., et al., *Efeito terapêutico melhorado de nanopartículas de PLGA-PEG decoradas com folato para o carcinoma do endométrio.* Bioorganic & Medicinal Chemistry, 2011.**19**(13): p. 4057-4066.

188. Danquah, M.K., X.A. Zhang, e R.I. Mahato, *Extravasation of polymeric nanomedicines across tumor vasculature.* Advanced Drug Delivery Reviews,

2011. **63**(8): p. 623-639.

189. Veiseh, O., et al., *Cancer Cell Invasion: Oportunidades de tratamento e monitorização em nanomedicina.* Advanced Drug Delivery Reviews, 2011.**63**(8): p. 582-596.

190. Lammers, T., et al., *Drug targeting to tumors: Principles, pitfalls and (pre-) clinical progress.* Jornal de Libertação Controlada, 2012. **161**(2): p. 175-187.

191. Bae, Y.H. e K. Park, *Targeted drug delivery to tumors: Myths, reality and possibility.* Journal of Controlled Release, 2011. **153**(3): p. 198-205.

192. Hehir, S. e N.R. Cameron, *Avanços recentes em sistemas de administração de medicamentos baseados em polipeptídeos preparados a partir de N-carboxianidridos.* Polymer International, 2014. **63**(6): p. 943-954.

193. Tosi, G., et al., *Potential Use of Polymeric Nanoparticles for Drug Delivery Across the Blood-Brain Barrier [Utilização potencial de nanopartículas poliméricas para entrega de medicamentos através da barreira hematoencefálica].* Química Medicinal Atual, 2013. **20**(17): p. 2212-2225.

194. AK, K.R., Rashid; G, Murtaza; A, Zahra, *Gold nanoparticles: Síntese e aplicações na entrega de medicamentos.* Tropical Journal of Pharmaceutical Research 2014: p. 9.

195. Joh, D.Y., et al., *Segmentação selectiva de tumores cerebrais com radiossensibilização induzida por nanopartículas de ouro.* PLoS ONE, 2013. **8**(4): p. e62425.

196. Pillai, G., *Nanomedicines for Cancer Therapy: Uma atualização dos aprovados pela FDA e aqueles em vários estágios de desenvolvimento.* SOJ Pharm Pharm Sci, 2014.**1**(2): p. 13.